Klaus Eckert/Elvis Müller/Michael Siemens

Planen • Bauen • Fahren

in der Spurweite HO

Klaus Eckert/Elvis Müller/Michael Siemens

Planen • Bauen • Fahren

in der Spurweite H0

Augustus Verlag München

Die Deutsche Bibliothek - CIP-Einheitsaufnahme

Klaus Eckert/Elvis Müller/Michael Siemens
Planen Bauen Fahren : / von Klaus Eckert/Elvis Müller/Michael Siemens -
München : Augustus Verl.; 2002
(Die elektrische Eisenbahn Märklin)
ISBN 3-8043-0987-9
NE: HST

Idee und Konzeption: EuropMedia Verlag, 87660 Irsee
Layoutentwurf: Paolo Chiti
Gestaltung: Klaus Eckert
Vorbildfotos: Sammlung Asmus, Sammlung Wolfgang Bügel, Ludwig Rotthowe, Joachim Schmidt
Modellfotografie: Torsten Berndt (1), Klaus Eckert, Elvis Müller, Michael Siemens, Andreas Stirl, Markus Tiedtke
Modellbau: Klaus Eckert, Georg „Schorsch" Kerber, Elvis Müller, Michael und Alexander Siemens, Markus Tiedtke, Andrea Woll
Hintergrundgestaltung: Ella Franczyk
Landschaftszeichnungen: Peter Bomhard
Schlussredaktion: Ilona Eckert
Umschlaggestaltung: Dorkenwald und Dreher, München, unter Verwendung eines Fotos von Klaus Eckert
AUGUSTUS VERLAG in der
Weltbild Ratgeber Verlage GmbH, München

Satz: Gesetzt in 10,5/13 Punkt Garamond Book bei MediaService, 87660 Irsee
Reproduktion: Fotolito Varesco, Auer (Südtirol)
Druck und Bindung: Druckerei Ernst Uhl, Radolfzell
Gedruckt auf 135 g umweltfreundlich elementar chlorfrei gebleichtes Papier
ISBN 3-8043-0987-9
Printed in Germany

Oben: *Modellbahnen von heute und morgen sind digitalisiert. Betriebsabläufe und Spielszenen bringen eine bis vor wenigen Jahren nicht einmal erträumte Vielfalt auf die Anlage. Der Kran Goliath ist ein gelungenes Produkt von Funktionsmodellen der modernen Generation aus dem Hause Märklin.*

Rechte Seite: *Während auf der Hauptstrecke ein automatischer Betrieb mit sieben verschiedenen Zügen stattfindet (computerüberwacht), hat auf der Nebenbahn der Modellbahner selbst alle Dinge im Griff. Spielen, Betrachten und Genießen in perfekter Form.*

Es beginnt zumeist auf dem Teppich – oder dem Holzfußboden, das erste Spiel mit der elektrischen Eisenbahn. Hier werden die ersten Gleise ausgelegt, Loks ausprobiert, regt sich erstmals die Freude über die herrlichen Modelle in Bewegung. Manch einer lässt es dabei bewenden. Die wertvollen Stücke kommen in die Vitrine. Ein anderer sagt sich: „Hier setz ich an, da soll mehr drauß´werden. Ich baue mir eine Anlage, auf der ich nach Lust und Laune spielen kann". Und wie das geht, ist bereits in einem anderen Buch der Reihe „Die elektrische Eisenbahn" ausführlich dargestellt worden. In dem grundlegenden Werk *Planen Bauen Spielen* hat der Autor Bernd Schmid sozusagen das kleine Modellbau-Einmaleins erklärt. Vorkenntnisse waren zum Verständnis des Buches nicht nötig. Der angehende Modellbauer konnte von der Pieke auf alle Einzelschritte lernen: angefangen von der Gleisbild-Planung über Materialkunde und Elektrik bis hin zur Funktionsweise von Loks und Bahnanlagen. Als Anlagensteuerungsmöglichkeit wurde das DELTA-System von Märklin vorgestellt. Die Maße der H0-Anlage, deren Werdeprozess in diesem Buch vorgestellt wurde, betrugen 2,80 m x 1,30 m. Trotz der relativ kleinen Fläche waren vielfältige Spielmöglichkeiten geboten.
Jahre später. Die Leser von damals sind im Umgang mit Material und Technik mittlerweile geübter. Ihre Gleispläne erstellen sie mit entsprechenden Computerprogrammen am PC. Die gute alte Gleisschablone bleibt in der Schublade. Was die Palette der Modellloks und die Steuerungstechnik anbelangt, ist die Entwicklung ebenfalls nicht stehen geblieben. Dampfloks rauchen und pfeifen, Dieselmaschinen brummen unüberhörbar und Elektroloks schalten ihre Fernscheinwerfer ein und aus. Es sind die Zusatzfunktionen, die ein Modell heutzutage auszeichnen. Eine neuartige Antriebstechnik, wie der lastgeregelte Hochleistungsantrieb, lässt die Märklin-Loks ihren großen Vorbildern noch ähnlicher erscheinen. Egal ob die Fahrt eines schweren Zuges bergauf oder bergab geht, die Geschwindigkeit bleibt immer gleich. Beim Bremsen verzögern die Maschinen ihr Tempo vorbildmäßig, beim Anfahren beschleunigen sie gleichmäßig und ruckfrei. Das Zauberwort heißt Märklin Digital. Es erweckt Lokomotiven und auch Funktionsmodelle, wie den faszinierenden Schienenkran Goliath, zum Leben. Zudem garantiert es auf den Streckengleisen und beim Rangieren eine Vielzahl von Zugbewegungen, also Spielen auf hohem Niveau.
Konzeptionell ist das vorliegende Buch als Fortsetzung des erfolgreichen Werkes von Bernd Schmid zu sehen. In den einführenden Kapiteln liegen die Schwerpunkte auf einer kurzen Vorstellung des Märklin Digital-Systems, Epochenkunde und Erläuterung der aktuellen Märklin-Gleissysteme. Zum Thema Märklin Digital selbst sind bereits zahlreiche Schriften erschienen, sodass es in diesem Buch nicht speziell vertieft werden muss.
Bei den vorgestellten Anlagen handelt es sich um regelrechte Großprojekte. Beim Bau kommen verschiedenste Arbeitstechniken zum Einsatz, die mit informativen Texten und einer ausführlichen Bebilderung der Einzelschritte für den Leser nachvollziehbar gemacht werden. Großer Wert wird auf die realitätsnahe Ausgestaltung der Gleisanlagen und der Landschaft gelegt. Außerdem findet ein umfangreicher Fahrbetrieb statt, der die vielen Vorzüge und Einsatzmöglichkeiten von Märklin Digital erkennbar macht. Dabei werden nicht nur digitale Fahr- und Steuergeräte verwendet. Auf einer der beiden Anlagen überwacht ein PC die Abläufe.
Aus Spielspaß kann Fahrspaß werden, der sich am Betrieb der großen Eisenbahn orientiert. Wir wünschen allen Lesern, dass sie mit diesem Buch ihre Freude und ihr Interesse am vorbildgetreuen Modellbahnbetrieb entdecken und das nötige Rüstzeug für den Bau einer eigenen Digital-Anlage finden können. ▲

Wahl des geeigneten Mehrzugsystems hängt daher zum einen von der Größe der Anlage ab, zum anderen von der Anzahl der gewünschten Loks – und auch von der Frage, ob Funktionsmodelle zum Einsatz kommen sollen oder nicht.
Eine erste Begegnung mit den beiden genannten Mehrzugsystemen ermöglichen die jeweiligen Märklin-Startpackungen. Die Sets besitzen den Vorteil, dass sie jederzeit vom Gleisbild her erweiterbar sind. Da mittlerweile fast sämtliche Märklin-Loks serienmäßig über eine entsprechende Empfangselektronik verfügen, findet sich bestimmt noch eine weitere Lokomotive im hauseigenen Bestand, die der Modellbahner zu Testzwecken auf dem Gleisoval der DELTA- oder Premium-Startpackung mitfahren lassen kann. Auf diese Weise kann man sich mit beiden Systemen vertraut machen und deren Vorzüge kennen lernen.
Ist die Entscheidung dann zugunsten einer eigenen Anlage gefallen, spricht sehr viel für die Verwendung von Märklin Digital, selbst wenn das Vorhaben ein mittelgroßes Projekt nicht übersteigen wird. Die Steuerungsmöglichkeiten sind hier, insbesondere im Hinblick auf die Magnetartikel, wesentlich vielfältiger.
Bevor der Entschluss für den Bau der beiden Anlagen kam, die in diesem Buch beschrieben werden, haben auch wir uns zuerst mit einer Premium-Startpackung beschäftigt. Der Inhalt bestand aus einer grünen Elektrolokomotive der Baureihe 40 und einer Schnellzug-Dampflok jeweils samt dazugehörigen Wagen. Als Grundausstattung an Geräten fanden sich eine CU (Central Unit/Digital-Zentraleinheit) sowie ein Trafo in der Startpackung.
Schon auf dem Gleisoval machten sich die ausgezeichneten Fahreigenschaften der Loks dank Hochleistungsantrieb bemerkbar. Viel Vergnügen bereitete das Einschalten der Lokpfeife. Gern ließen wir auch die Dampflok rauchen oder das Spitzensignal der Loks an- und ausgehen. Grundlage unserer spielerischen Aktivitäten war die vorzügliche Packung 29855. ▲

Oben und unten: *Starten mit Märklin Digital. Alljährlich bringen die Göppinger eine neue, ideenreich zusammengestellte Startpackung mit zwei Zügen und dem notwendigen Material für den digitalen Start in den Handel. Die absolut preisbewusst kalkulierten Packungen sind der ideale Einstieg in die digitale Welt.*

Der digitale Premiumstart

Digitale Steuerung von Modellbahn-Zügen? Bei Märklin ist dies seit 1984 ein Thema, an dem ständig weitergearbeitet wurde. Mittlerweile gibt es zwei Mehrzugsysteme: Märklin DELTA und Märklin Digital. Beide ermöglichen einen realistischen Fahrbetrieb auf einem einzigen Stromkreis. Während mit DELTA bis zu fünf Loks individuell auf einer Anlage fahren können, erlaubt Märklin Digital die simultane Steuerung von bis zu 80 Loks, zuzüglich Funktionsmodelle und Magnetartikel. Die

Allein das Vergnügen, die wunderschöne E 03 004 über die Anlage fahren zu sehen, rechtfertigt schon die Entscheidung, sich eine Anlage in der Epoche III zu bauen.

Denken in Epochen

Ist das Ziel eine vorbildgerechte Modellbahnanlage, sollte man sich darüber Gedanken machen, in welcher Zeit das Geschehen auf der Anlage spielen soll. Befinden wir uns in der Gegenwart oder sollen historische Vorbilder dargestellt werden? Abhängig davon, für welche zeitgeschichtliche Epoche man sich entscheidet, sollten die Zugkompositionen, bahntechnischen Details und Szenen, die das Alltagsleben zu einer bestimmten Zeit wiedergeben, möglichst authentisch wirken. Die Modellbahnzubehör-Hersteller haben diese Zusammenhänge erkannt und halten dementsprechend Ausstattungselemente bereit, die zum Beispiel für die dreißiger, fünfziger oder neunziger Jahre stehen. Lichtsignale deuten auf eine modernere Epoche hin als zum Beispiel Flügelsignale. Andererseits sind die Grenzen fließend. Es sind auch heute Details aus früheren Epochen anzutreffen. So stehen in manchen Bahnhöfen oder an abgelegenen Nebenstrecken immer noch Flügelsignale oder Wasserkräne, zumal in den östlichen Bundesländern zu Reichsbahnzeiten länger mit Dampfloks

Ein romantisches Klein-Bw und die typischen Vertreter der Generation der Dampfloks (86 und 55) runden jede Epoche-III-Anlage perfekt ab.

Die bulligen Mallets der Baureihe 96 sorgen auf Anlagen der Epoche I und II für die Bespannung schwerer Güterzüge.

gefahren wurde als hierzulande. Bei den Bahnen der Alpenländer Schweiz und Österreich kann man davon ausgehen, dass wegen der vielen Gebirgsrampen teils schon früher mit der Elektrifizierung begonnen wurde als anderenorts. Dennoch sollte die gängige Epochen-Einteilung als Orientierungshilfe beherzigt werden. Sie wurde bereits Ende der sechziger Jahre von den europäischen Modellbahn-Fachzeitschriften als Empfehlung herausgebracht, um dem Stil-Mischmasch auf den Anlagen vorzubeugen. Trotzdem muss man auch in der Epoche V keineswegs auf den Einsatz von Dampflokomotiven verzichten. Museal erhaltene Paradeloks sind häufig zu erleben.

Epoche I

Kennzeichnend für diesen Zeitabschnitt ist die große Typenvielfalt und das fast ausschließliche Vorherrschen der Dampfloks.

Länderbahn in Reinkultur. Eine Württemberger T 18 begegnet der massigen K.

Es ist die Zeit der Privat- und Länderbahnen, etwa von 1835 bis Mitte der Zwanziger Jahre. In dieser Epoche setzte sich das europäische Eisenbahnnetz aus unzähligen privaten Eisenbahngesellschaften zusammen. Daneben verfügten auch die vielen deutschen Kleinstaaten über eine eigene Eisenbahn. Die Loks waren daher je nach Zugehörigkeit unterschiedlich lackiert, dasselbe galt für die Wagen. So gab es grün gestrichene Dampfloks bei den Bayern und blaue bei den badischen Staatsbahnen. Elektrolokomotiven waren noch selten. Sie verkehrten auf ausgesuchten Strecken erst gegen Ende der Epoche I. Auf den Straßen fuhren wenige Automobile, Pferdegespanne gehörten noch zum Alltagsbild.
Nicht immer ist das Angebot an stilgerechtem Zubehör für die Strecken und die Landschaft ausreichend. In solchen Fällen geht so mancher Modellbahner dann zum Selbstbau über und fertigt beispielsweise zeittypische Signale oder Gebäude an. Als Vorlagen können Gemälde oder Darstellungen in Büchern dienen.

Epoche II

Eine neue Ära begann, nachdem die deutschen Länderbahnen 1923 in den Besitz der Deutschen Reichsbahn übergegangen waren, und dauerte bis zum Ende des Zweiten Weltkriegs. Die übernommenen Fahrzeuge erhielten einen einheitlichen

Anstrich. Bahntechnisch gesehen kam es zu einer Vereinheitlichung der Signalanlagen. Die Vielfalt der Dampflokbaureihen wurde ebenfalls drastisch eingedämmt mit dem Ziel, einheitliche Loktypen zu erhalten, deren Wartung einfacher war als die der Exoten. Über einigen Hauptstrecken hing schon der Fahrdraht und es wurde schon hier und da ein Dieseltriebfahrzeug gesichtet.
In die erste Phase der Epoche II fiel auch die Schaffung einer neuen Reisezugkategorie: die Luxuszüge. Nicht umsonst spricht man von den Goldenen Zwanzigern, in denen es wirtschaftlich wieder bergauf ging. Einer der berühmtesten Züge war der „Orient-Express". Sein Name beflügelt nach wie vor die Fantasie und weckt Vorstellungen von edlem Interieur und eleganten Fahrgästen, zumal ein gleichnamiger Sonderzug mit stilechter Wagengarnitur und Lokomotive auch heute noch verkehrt. Nicht minder bekannt ist der „Rheingold". Ein Zug mit diesem Namen fuhr bis 1988, auch wenn er mit seinem edlen Vorgänger nicht viel mehr als den Namen gemein hatte. Beide, der ursprüngliche „Rheingold" und der „Orient-Express", existieren auch als Märklin-Modelle.

Epoche III

Nach dem Zweiten Weltkrieg begann eine Phase, die durch große Traktionsvielfalt geprägt war. Sie dauerte in Deutschland bis etwa 1970. Neben der Deutschen Bundesbahn (DB) entstand parallel in der damaligen DDR die Deutsche Reichsbahn (DR). In dieser Epoche kamen Fahrzeuge sowohl aus der Vor- als auch Nachkriegszeit zum Einsatz. Das alte Nummernschema herrschte noch vor, auch wenn gegen Ende der sechziger Jahre schon mit der Umzeichnung begonnen wurde. Zu den interessantesten Erscheinungen der Epoche III gehörten die TEE-Triebzüge (TransEuropExpress). In gewissem Maße knüpften sie an die Tradition der Luxuszüge aus der Reichsbahnzeit an. Die rot/beige lackierten Garnituren und die bis dahin ungewöhnlich windschnittige Form der Triebköpfe waren eine schicke Erscheinung.
Allerdings merkt man dieser Epoche auch die erstarkende Konkurrenz durch das Automobil an. Auf den Straßen ist bereits

Gleich in vier Epochen kann die schnuckelige E 69 zu Hause sein. Sie stand bereits im Dienste der Reichsbahn und erfreut heute vor Sonderzügen ihre Fans.

Die Baureihe 85 bespannte in den Epochen II und III Züge auf steigungsreichen Strecken.

Sie ist unumstritten die Lieblingslok vieler Modellbahner. Personen- und Güterzüge standen in den Dienstplänen während der Epochen III und IV. Und selbst der Freund der modernsten Epoche V muss nicht auf sie verzichten. Im feinen Museumsbetrieb ist sie auch heute noch gefragt. Die Rede ist von der V 200.

Universal einsetzbar ist die E 44. Leichte Personen- oder Güterzüge können mit stattlichen Lasten abwechseln.

deutlich mehr Verkehr auszumachen als zu Vorkriegszeiten. Die Fahrgäste und Händler haben schon weitgehend die Auswahl zwischen Omnibus und Lkw einerseits und die Beförderung auf der Schiene andererseits. Was den Güterverkehr anbelangt, kamen infolge des europäischen Einigungsprozesses immer mehr ausländische Güterwagen auf deutsche Schienen. Dieses Phänomen verstärkte sich, nachdem es 1951 zum Europ-Abkommen zwischen der französischen Staatsbahn und der Bundesbahn gekommen war. Güterwagen konnten von nun an im gesamten Netz eingesetzt werden und mussten nicht sofort an die jeweilige Bahn retourniert werden. Bald schlossen sich weitere west- und osteuropäische Bahnverwaltungen diesem Abkommen an. Noch bunter wurde das Erscheinungsbild der Güterbahn durch die genormten Container, die ab 1966 auftauchten. Heute stechen sie wegen der farbenfrohen Firmenlogos besonders ins Auge.

Beim Zubehörsortiment ist die Epoche III gut dokumentiert. Die Auswahl ist schier unbegrenzt. Gebäuderückwände können zum Beispiel mit bunten Reklamebildern verziert werden, wie es in den fünfziger Jahren üblich war. Alte, heute längst abgerissene Industrieanlagen künden vom vielgepriesenen Wirtschaftswunder der Nachkriegszeit. Entsprechende Automodelle, wie die des „Opel Kapitän" oder „VW Käfer", verleihen der Modellanlage ebenfalls die nötige Authentizität in puncto Epochenzugehörigkeit.

Epoche IV

Ab 1970 bis etwa 1990 spricht man von der Epoche IV. Sämtliche Bahnfahrzeuge tragen computergerechte Nummern, europaweit vereinheitlicht nach dem UIC-Schema. Bis 1977 mussten sich die Dampflokomotiven gänzlich von den Bundesbahngleisen verabschieden. Ihr Comeback vor Sonderzügen wurde erst ab 1985 wieder geduldet.
Die Ära der TEE-Züge ging Ende der achtziger Jahre endgültig zu Ende. Dafür wurde eine neue Phase zum 150-jährigen Jubiläum der Eisenbahnen in Deutschland eingeläutet: Mit dem 1985 vorgestellten Intercity-Experimental begann das Zeitalter der Hochgeschwindigkeitszüge. Bis zur Serienproduktion der als Baureihe 401

Die Farbe Verkehrsrot dominiert das Bild der Bahn in den 90er Jahren. Die Baureihe 152 ist eine der modernen Güterzugloks von DB Cargo und Railion.

bezeichneten Züge vergingen allerdings noch gut fünf Jahre. Heute sind die eleganten weißen Schienenflitzer zu einer selbstverständlichen Erscheinung im Fernverkehr geworden.

Epoche V

Ab 1990 bis zur Gegenwart schließt sich die Epoche V an. Nach der Wende wurden die Deutsche Bundesbahn (DB) und die Deutsche Reichsbahn (DR) Schritt für Schritt zur DB AG zusammengefügt. Seit 1994 existiert ein entsprechendes neues Logo. In der ersten Hälfte der neunziger Jahre verschwanden nach und nach bewährte Altbau-Elektrolokomotiven, wie die E 44 oder E 94 von Deutschlands Schienen. Hochgeschwindigkeitszüge gehören dagegen zum Alltag. Gegenwärtig spricht man bereits von drei Generationen des ICE. Die erste Serie ist von überarbeiteten Varianten abgelöst worden, dem ICE 2 (Baureihe 402) und 3 (Baureihe 403). Märklin hat alle drei Typen ins Modellsortiment aufgenommen. Der aerodynamisch gestaltete Triebkopf des ICE ist auch Vorbild für viele andere Triebzugarten gewesen. Regionalzüge kommen mittlerweile auch stromlinienförmig daher, ebenso die neuesten Taurus-Lokomotiven der DB und ÖBB, die 182 oder 1016/1116. Als weitere innovative Entwicklung etabliert sich die Neigetechnik, wie sie im italienischen Pendolino arbeitet, aber auch in den Neigezügen der DB-Baureihe 610. Auf kurvenreichen Strecken ermöglicht sie eine deutliche Steigerung der Reisegeschwindigkeit. Auf dem Güterverkehrssektor kommen vermehrt Container zum Einsatz. Terminals werden gebaut, um die Verladeabläufe zwischen Lkw und Güterbahn zu rationalisieren. Spezielle Wagen ermöglichen sogar die Aufnahme ganzer Lkw. So reisen die Brummis mit Huckepack-Zügen beispielsweise über den Brenner, während ihre Fahrer im miteingestellten Liegewagen ausruhen. Alles in allem geht der Güterverkehr in Epoche V jedoch einem unaufhaltsamen Abstieg entgegen, dem auf der Modellbahn zum Glück Einhalt geboten werden kann. Mancherorts übernehmen private Anbieter die Beförderung von Gütern auf der Schiene. Deren Loks entstammen zumeist einem Mietfuhrpark, wie zum Beispiel dem der Siemens Lokpool, München. ▲

Ein Zug der Rollenden Landstraße, bespannt mit dem Taurus, begegnet dem ICE, während eine 365 Rangierarbeiten erledigt. Alltag auf den H0-Gleisen eines Großstadtbahnhofes der die Epoche V zum Thema hat.

Ein unabhängiger Mehrzugbetrieb, der zudem tolle Fahreigenschaften der Lokomotiven mit sich bringt, macht das Fahren noch schöner. Trotz der Gefällestrecke wird die E 18 dank optimal eingestelltem Decoder nicht schneller und die V 100 behält auch in engeren Gleisbögen ihre Geschwindigkeit bei.

Die Welt von Märklin Digital

Vergleicht man konventionell gesteuerte mit digital betriebenen Anlagen, zeigen sich zwei Hauptunterschiede. Der konventionelle oder analoge Betrieb beinhaltet die Regelung mittels Fahrspannung. Das Digitalsystem funktioniert dagegen mit Hilfe von Steuersignalen (Bits), die über die gleichbleibende Fahrspannung von einer Zentraleinheit in das Gleis abgegeben werden. Wenn Züge unabhängig voneinander gleichzeitig fahren sollen, sind auf konventionellen Anlagen Isolierstrecken und separate Fahrtrafos die Voraussetzung. Beim Digitalbetrieb sind es die Decoder in den jeweiligen Loks, die quasi als „elektronische Lokführer" die von der Zentraleinheit ausgehenden Befehle aufnehmen, überprüfen und in die Tat umsetzen. An jedem beliebigen Ort der Anlage kann eine Lok, die über einen entsprechenden Decoder verfügt, unabhängig bewegt oder dazu gebracht werden, besondere Zusatzfunktionen, wie Licht oder Rauch, zu zeigen. Wegen der konstanten Betriebsspannung ist es auf Digitalanlagen z. Bsp. auch möglich, eine Lok anzuhalten und dennoch die Lichter eingeschaltet zu lassen. Durch solche Details wird der Modelleisenbahnbetrieb dem Vorbild immer ähnlicher. Digitale Anlagensteuerung beschränkt sich aber nicht nur auf Triebfahrzeuge, sondern umfasst auch den Betrieb von Funktionsmodellen und Magnetartikeln.

Zwei Güterzüge warten im Rangierbahnhof auf Abfahrt. Gleich werden sie ihre langen und schweren Züge vorbildgerecht gleichmäßig beschleunigen und auf die Strecke rollen.

Nachträglich fit gemacht

Die meisten älteren Modelle können auch nachträglich mit einem Digital-Decoder und Hochleistungsantrieb ausgestattet werden. Letzterer erlaubt die individuelle Einstellung von Höchstgeschwindigkeit, Anfahr- und Bremsverhalten. Es ist allerdings zu bedenken, dass Märklin nur dann die Herstellergarantie aufrecht erhält, wenn der Einbau durch einen autorisierten Fachhändler erfolgt. Grundkenntnisse in der Digitaltechnik und entsprechende Gerätschaften, wie eine regelbare Lötstati-

on, gehören zu den Voraussetzungen für eine erfolgreiche Umrüstarbeit. Beschädigungen drohen einem Decoder in erster Linie durch statische Aufladung. Daher muss der Arbeitsplatz unbedingt mit einer Antistatikmatte ausgestattet sein.
Für versierte Modellbahner stehen die Märklin-Hochleistungsantriebs-Sets mit den Artikelnummern 60901 bzw. 60904 zur Verfügung. Das Set 60904 eignet sich für den Umbau älterer Trommelkollektormotoren, 60901 ist für neuere Modelle gedacht, wie die V 100 von Märklin in der DELTA-Version. Im ersten Schritt werden DELTA-Elektronik, Feldspule, Anker und Motorschild aus der Lok entfernt. Dann folgt die Montage der neuen Motorteile. Der Digital-Decoder bleibt mit Hilfe eines Doppelklebebands auf der Halteplatte der DELTA-Elektronik haften. Die Zuordnung der Kabel folgt bei Märklin immer dem gleichen Farbschema. Zuerst wird das rote Kabel zum Schleifer geführt, das braune bildet den Rückleiter und wird an der messingfarbenen Masseplatte, die vom alten Motorschild stammt, angeschlossen. Die Motoranschlüsse sind blau und grün. Sie gehören an die beiden grünen Spulen, von denen jeweils eine an die Bürstenplatten gelötet wird. Das gelbe und graue Kabel dienen der Stirnbeleuchtung: das graue führt zum Spitzensignal, das gelbe ist für die Rückbeleuchtung zuständig. Bei Märklin-Modellen ist die vordere Seite dort, wo sich der Schleifer befindet. Bei der Beleuchtung wird das orange Kabel als gemeinsamer Rückleiter verwendet.
Man sollte niemals vergessen nachzuprüfen, ob irgendwelche Verbraucher, wie Lampen oder TELEX-Kupplung, mit dem Lokrahmen eine elektrische Verbindung aufweisen. Ist dies der Fall, darf das orange Kabel nicht mehr als Rückleiter eingesetzt werden. Diese Funktion übernimmt in diesem Fall schon die Fahrzeugmasse. Das Modell der V 100 verfügt jedoch über isolierte Stecksockellampen, die den Einsatz des orangen Kabels zulassen.

Funktionsdecoder: mehr Licht

Der Decoder aus dem Umrüstset 60901 spricht nicht nur auf die „function"-Taste der Control Unit 6021 an, sondern auch auf „f 1" und „f 2". Um die Funktionen „Schlusslichter hinten" oder „vorne" auslösen zu können, werden dem Modell an beiden Seiten entsprechende Leuchtdioden eingesetzt. Hierzu werden 1,5 mm große Bohrungen an den Lampenimitationen angebracht. Mit Sekundenkleber-Gel lassen sich die Leuchtdioden im Fahrzeuggehäuse gut festmachen. Räumlich wird es in der V 100 nun eng. Daher müssen die Sockelkanten der Dioden und die Gehäuseinnenseite etwas abgeschliffen werden.
Da die Spannung an den Stromausgängen des Decoders für die Dioden zu hoch ist, ist ein Widerstand von 680 Ohm bis 1,5 Kiloohm nötig. Kleine Stecker machen die Diodenleitung trennbar, sodass das Gehäuse jederzeit abnehmbar ist. Als Rückleiter für die Leuchtdioden dient das orangefarbene Kabel. Ein Schrumpfschlauch sichert alle Verbindungen gegen unerwünschte Kontakte. Als Hinleiter für „f 1" wird das braunrote Kabel benützt, für „f 2" das braungrüne. Beim Zusammensetzen sollte darauf geachtet werden, dass die Anschlussdrähte der Diode nicht die Fahrzeugmasse berühren. Abhilfe schafft nötigenfalls wieder der Schleifstift.

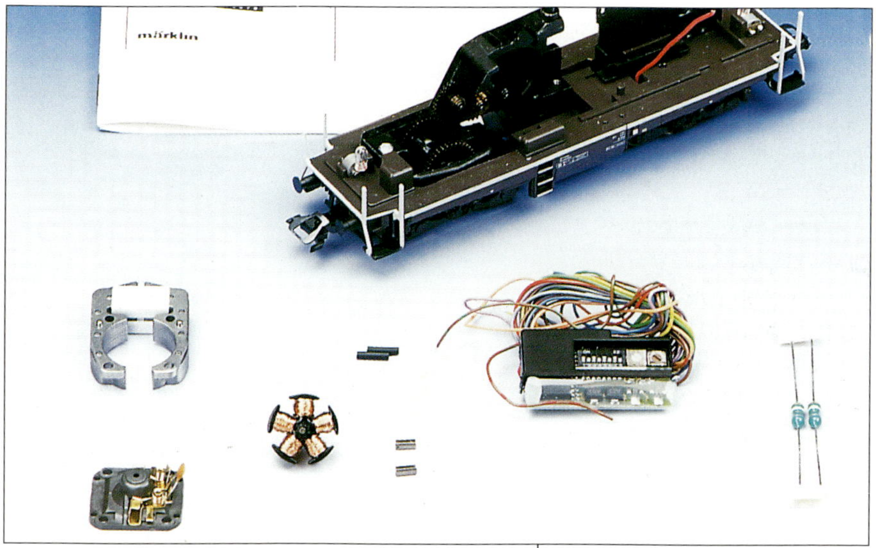

Mit diesem Zurüstsatz können auch viele ältere Märklin-Modelle das Licht der digitalen Welt erblicken.

Dank Zusatzfunktion leuchten die Schlusslichter der schiebenden V 100.

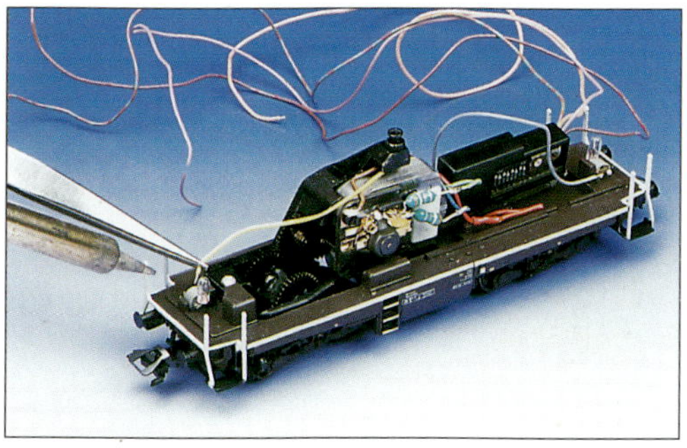

Blick in das Innenleben der Umbaukandidatin, einer V 100, die werkseitig mit dem DELTA-Modul ausgerüstet war.

Keyboards, Memory, Control Unit, Control 80 f und das Interface sind auf einem ausziehbaren Brett verschraubt worden. Die Trafos und Booster haben unterhalb der Anlage zwischen den Spanten ihren festen Platz erhalten.

Control Unit

Es gibt Steuer- und Fahrgeräte. An erster Stelle steht die Zentraleinheit, die Control Unit 6021. Sie stellt das Gehirn der Digital-Anlage dar, ist gleichzeitig Fahrgerät, Steuerzentrale und Stromeinspeiser. Hier werden Fahr- und Schaltbefehle gesammelt, gespeichert und als digitale Impulse über den Bahnstrom an die Decoder versendet.
Benützt man die Control Unit als Fahrpult, wird über die Tasten 1 bis 10 die grundsätzlich zweistellige Lokadresse (01 bis 80) eingegeben, die daraufhin in der LED-Anzeige erscheint. Nun kann durch die Betätigung des Reglerknopfes die Fahrt der angewählten Lok beginnen. Sind Zusatzfunktionen programmiert, können diese mit den Tasten „f 1“ bis „f 4“ abgerufen werden: z. Bsp. TELEX-Kupplung ein- oder ausschalten, Rauchgenerator arbeiten lassen oder Dieselmotorgeräusch erzeugen. Soll ein Funktionsmodell, wie beispielsweise der „Goliath“, in Aktion treten, so wird er ebenfalls über die Control Unit zum Leben erweckt. Zu diesem Zweck muss die F-Taste vor der Funktionsdecoder-Adresse angewählt werden. Soll gleichzeitig eine Lok in Betrieb genommen werden, wird vor der Adress-Eingabe die L-Taste gedrückt.

Transformer

Die Control Unit 6021 bezieht ihre elektrische Energie von einem Transformator. Speziell zur Versorgung von Digitalanlagen hat Märklin den Transformer 6002 entwickelt mit einer Ausgangsleistung von 52 VA. Von der Control Unit werden 7 VA verbraucht, sodass 45 VA von ihr weitergegeben werden können.

Control 80 f

Bei regem Anlagenbetrieb oder gleichzeitiger Regelung durch zwei Modellbahner empfiehlt sich der Anschluss eines zusätzlichen Fahrgeräts, genannt Control 80 f. Bei der Eingabe der Lokadresse und dem Abrufen der Zusatzfunktionen geht man beim Control 80 f genauso vor wie bei der Control Unit 6021.

Keyboard

Was bei der großen Bahn das Stellwerk ist, wird auf der Digital-Anlage vom Keyboard verkörpert. Mit Hilfe dieses Stellpults können Magnetartikel, wie Weichen, Signale, Entkupplungsgleise, geschaltet werden. Außerdem eignet es sich zur Steuerung von Dauerstromverbrauchern. Hiermit sind die Stimmungsmacher auf der Anlage gemeint, wie die Bahnhofsbeleuchtung, die motorgetriebenen Wasserräder oder rauchenden Schornsteine.
Ähnlich wie beim Decoder einer Lok muss auch beim Keyboard eine Adresse eingegeben werden. Dazu dient der vierpolige Codierschalter auf der Rückseite des Keyboards. Die Adresse sollte in der Gehäusevertiefung oben links aufgeklebt werden. Will man mehrere Keyboards an verschie-

Die V 60 verfügt über eine TELEX-Kupplung, die Rangierfahrten zu interessanten Spielerlebnissen macht.

denen Plätzen aufstellen, um etwa zwei Fahrstände einzurichten, können die Keyboards identische Adressen erhalten. Sie sind dann parallel geschaltet.
Mit einem Keyboard lassen sich mittels 16 Tastenpaare maximal 16 Magnetartikel unabhängig voneinander schalten. Jedem Tastenpaar ist eine rote Leuchtdiode zugeordnet, welche die Stellung der Weichen bzw. Signale anzeigt. Sie leuchtet auf, sobald die rote Taste betätigt wird. Bei Stromunterbrechung bleibt die letzte Schaltung gespeichert. Bei Weichen bedeutet die rote Taste „Abzweig", bei Signalen „Hp 0" (Halt). Die grüne Taste befiehlt „Weichenstellung geradeaus" bzw. die Signalstellung „Hp 1" (Fahrt frei). Für das Entkupplungsgleis wird lediglich eine Taste benötigt. Drücken bedeutet „Entkuppeln", Loslassen bewirkt ein Zurückfallen des Entkupplungsbügels in seine Ausgangslage. Mit einem Keyboard können folglich maximal 32 Entkupplungsgleise betätigt werden.

Decoder k 83

Unabdingbares Bindeglied zwischen Steuergerät und Magnetartikel ist der Decoder k 83. Er wandelt die digitalen Schaltbefehle, die vom Keyboard über die Control Unit ausgeschickt werden, in Spannungsimpulse um, die für die angeschlossenen Magnetartikel bestimmt sind. An einen Decoder k 83 können bis zu vier doppelspulige Magnetartikel angehängt werden. Da bis zu 16 Weichen und Signale von einem Keyboard aus gesteuert werden können, schöpfen vier Decoder dessen Schaltkapazität aus.
Damit der jeweilige Decoder vom Keyboard angesprochen werden kann, muss er ebenfalls eine Adresse erhalten. Hierfür gibt es eine Codiertabelle. Zur leichteren Übersicht sollten die Decoder durchnummeriert werden und zusätzlich mit der Nummer des korrespondierenden Keyboards versehen sein.

Decoder k 84

Dauerstromverbraucher erhalten ihre Schaltbefehle über den Decoder k 84. Im Gegensatz zum Decoder k 83, der mit Loslassen der Keyboardtaste die Stromzufuhr unterbricht, liefert der Decoder k 84 Dauerstrom an den Verbraucher. In Schattenbahnhöfen kann er auch Signale ersetzen. Als Verbraucher fungiert in diesem Fall ein isolierter Gleisabschnitt. Wie sein Pendant k 83 weist auch der Decoder k 84 einen Codierschalter auf, an dem die gewünschte Adresse eingestellt wird.

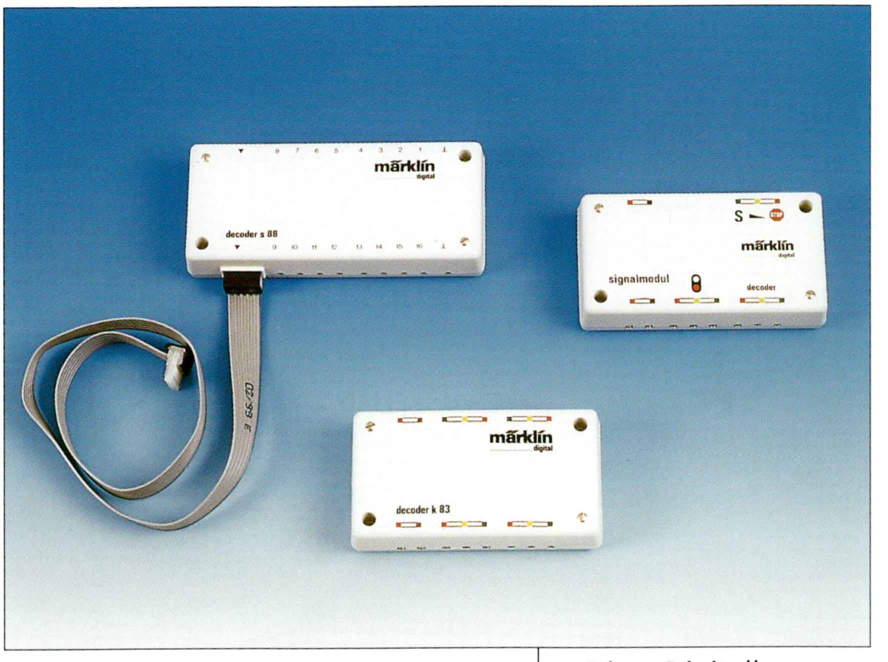

Diese Digitalkomponenten arbeiten meist im Anlagenuntergrund: Rückmeldemodul s 88, der Decoder k 83 und das Signalmodul.

Booster

Werden auf einer Anlage mehrere, vielleicht sogar beleuchtete Züge betrieben und auch einige Magnetartikel geschaltet, ist eine Verstärkung der elektrischen Leistung erforderlich. Die Control Unit 6021 samt ihrem Transformer ist in einem solchen Fall überfordert. Der nötige Verstärker heißt Booster. Zusammen mit einem eigenen Transformer hat er die Aufgabe, das Digitalsignal von der Control Unit zu übernehmen, es zu verstärken und in einen eigenen, isolierten Bahnstromkreis einzuspeisen. Pro Anlage kann eine beliebige Anzahl von Booster-/Transformer-Einheiten installiert werden.

Memory

Das Märklin Digital-System umfasst auch ein Fahrstraßenstellpult, genannt Memory. Eine Fahrstraße auf der Modellbahnanlage

Aufrufen einer Fahrstraße am Memory.

ergibt sich durch die Folge von Schaltbefehlen, die an Signale, Weichen und Blockstrecken adressiert werden. Sobald die Befehle in der gewünschten Reihenfolge auf dem Keyboard eingegeben sind, werden sie vom Memory übernommen und als Fahrstraße gespeichert. Vor der Programmierung muss die Fahrstraße unter einer bestimmten Buchstaben-/Zahlenkombination (A1 bis C8) durch Tastendruck am Memory aufgerufen werden. Aufnahmebereit ist das Memory nach dem Betätigen der Taste „input“. Danach geht es am Keyboard weiter. Sind alle Schaltbefehle dort eingegeben, drückt man die Taste „end“ am Memory, um den Speichervorgang zu beenden. Dies sollte auf keinen Fall vergessen werden, da das Memory ansonsten alle nachfolgenden Informationen in dieselbe Fahrstraße speichert und dadurch ein heilloses Durcheinander anrichtet. Löschungen ganzer Fahrstraßen können mit der Taste „clear“ in Verbindung mit der Fahrstraßentaste vorgenommen werden. Ein kompletter Reset des Memory ist ebenfalls möglich. Maximal sind 24 Fahrstraßen mit jeweils bis zu 20 Schaltbefehlen programmierbar. Werden mehr als 20 Schaltungen benötigt, gibt man als 20. Befehl eine Folgefahrstraße ein. Die kann wiederum mit einer Folgefahrstraße verknüpft werden. Dadurch ergeben sich vielfältige Varianten für einen Automatikbetrieb. Endlosschleifen müssen allerdings vermieden werden. Soll eine Fahrstraße während des Modellbahnbetriebs gestellt werden, ruft man sie am Memory unter der zu Beginn ausgewählten Taste auf. Daraufhin gibt das Memory alle gespeicherten Schaltbefehle über die Control Unit 6021 an die beteiligten Magnetartikel weiter. Die Adresse des Memory wird am vierpoligen Codierschalter an der Geräterückseite eingestellt.

Rückmeldemodul s 88

Teil- und vollautomatischer Anlagenbetrieb ist nur unter Verwendung von Rückmeldemodulen möglich. Sie übersetzen analoge Daten in digitale und leiten sie an das Memory weiter, da die Kontaktgeber nicht direkt mit dem Fahrstraßenstellpult verbunden werden können. Beispielsweise meldet das Rückmeldemodul s 88 dem Memory, ob ein Schaltkontakt vom Schleifer einer Lok ausgelöst wurde. Auf diese Weise startet der fahrende Zug am Memory ein bestimmtes Fahrstraßenprogramm oder schaltet eine Blockstrecke frei. Von einem Rückmeldemodul s 88 können maximal acht Schaltkontakte überwacht werden. Bei größerem Bedarf können bis zu drei Rückmeldemodule s 88 an einem Memory angeschlossen werden.

Welches Gerät kommt wohin?

Zentrales Gerät ist die Control Unit 6021 in Verbindung mit ihrem Transformer 52 VA. Rechts von ihr werden digitale Fahrgeräte positioniert, wie das Control 80 f, und links digitale Schaltpulte, wie Keyboard und Memory.
Das Control 80 f wird zwar immer an der rechten Gehäuseseite der Control Unit angedockt, kann aber über ein spezielles Adapterkabel räumlich von ihr getrennt

Einstellarbeiten an der Rückseite des Memory.

sein, falls beispielsweise der Fahrbetrieb im Rangierbereich dies erfordert.
Direkt an der linken Seite der Zentraleinheit wird das Keyboard angesteckt. Für die räumliche Trennung gilt dasselbe wie für das Control 80 f. Eine Control Unit 6021 kann es mit maximal 16 Keyboards aufnehmen. Pro Keyboard können 16 Magnetartikel geschaltet werden: bei 16 Geräten errechnet sich also die Schaltbarkeit von (16 mal 16) 256 Magnetartikeln.
Der Anschluss des „Datendolmetschers" k 83 geschieht eingangsseitig an der Control Unit oder einem Booster. Über diese Verbindung gelangen die digitalen Informationen sowie die nötige Versorgungsspannung für den Eigenverbrauch und die Magnetartikel in den Decoder k 83. Ebenso wie der k 83 korrespondiert auch der Decoder k 84 über das zentrale Steuergerät, daher entspricht der Anschlussmodus dem des Decoders k 84.
Dem Anschluss eines Boosters sollte besonders große Aufmerksamkeit geschenkt werden. Zur Verstärkung der Digitalimpulse aus der Control Unit liegt ein fünfpoliges Flachbandkabel bei, das die Verbindung zwischen Zentraleinheit und Booster herstellt. Die Datenübertragung über mehrere Booster hinweg läuft ebenfalls über ein Flachbandkabel. Der Booster selbst wird mit einem braunen und gelben Kabel an seinen Transformator angeschlossen. Wichtig ist, dass jeder Booster nur jeweils eine Ringleitung versorgen kann. Die Booster-Stromkreise müssen daher gegeneinander isoliert sein.
Ein Memory befindet sich immer links von der Control Unit. Jede Digital-Konfiguration kann bis zu vier Memorys enthalten. Keyboards und Memorys können auch in gemischter Reihenfolge angeordnet sein. Dort wo ein Fahrgerät installiert ist – rechts von der Control Unit – kann stattdessen auch das Interface platziert werden. Es bildet die Schnittstelle der Digitalanlage zum PC.

Interface – das Bindeglied zwischen Zentraleinheit und PC

Das Interface besitzt an der rechten Gehäuseseite keine weiteren Anschlussbuchsen für Fahrgeräte, sondern lediglich für den PC. Daher muss es von der Control Unit aus gesehen in der Reihe als letztes Digitalgerät angesteckt werden.
Soll eine Anlage per Computer gesteuert werden, ist eine Mindestausstattung erforderlich, die sich wie folgt zusammensetzt: Zentraleinheit Control Unit 6021, Interface, Computer mit serieller Schnittstelle. Keyboard und Memory werden überflüssig. Ihre Funktion übernimmt der PC. Wie beim Memory lassen sich auch mit dem Computer teil- und vollautomatische Betriebsabläufe verwirklichen. Hierzu benötigt man wiederum die Rückmeldemodule s 88. Statt an das Memory werden sie mit demselben Flachbandkabel an das Interface angeschlossen.
Hängt ein Rückmeldemodul s 88 am Interface, verdoppelt sich seine Überwachungskapazität von acht auf 16 Schaltkontakte. Das Interface kann die Information von bis zu 31 Rückmeldemodulen verarbeiten. Mit Interface und PC lassen sich demnach sogar 496 Schaltkontakte kontrollieren, vorausgesetzt, man verfügt über ein geeignetes Programm, wie z. Bsp. WinDigipet.
Was die Speicherung von Fahrstraßen betrifft, kann sich der PC eine schier unbegrenzte Anzahl von Befehlen merken, während das Memory bei 20 Magnetartikel-Schaltungen pro Fahrstraße ausgelastet ist. Bei Großanlagen ist der Computer daher als Steuerzentrale prädestiniert.
Der Modellbahnhandel offeriert Software mit unterschiedlicher Benützeroberfläche. Bei manchen Programmen erscheinen bedienbare Abbildungen der Fahrgeräte und Loks auf dem Monitor. Andere zeigen Gleisbildstellwerke oder machen einen Automatikbetrieb nach Fahrplan möglich. Beim Kauf sollte jeder Modellbahner generell darauf achten, unter welchem Betriebssystem das jeweilige Programm läuft und welche Rechnerausstattung es benötigt. ▲

Mit einem Stecker wird die Verbindung zwischen dem Interface und dem PC hergestellt.

Arbeitseinsatz für einen Gleisbautrupp: Nach der kurzen Besprechung wird noch der Mannschaftswagen beigestellt und dann geht es auf die Strecke.

Gleisbau - leicht gemacht

Der Märklinist kann zwischen dem bewährten K-Gleis und dem leicht zu handhabenden C-Gleis wählen. Um beide Gleissysteme miteinander kombinieren zu können, gibt es entsprechende Übergangsstücke (24922). Diese sind sogar für das traditionsreiche Metall-Gleis erhältlich (2291), das nicht mehr zum Standard-Sortiment von Märklin gehört, aber auf älteren Anlagen oder in der einen oder anderen Modellbahn-Kiste noch zu finden ist.
Beim Bau der in diesem Buch beschriebenen Anlagen wurden neben dem C-Gleis auch Elemente des K-Gleissystems verlegt.

Elemente aus dem K-Gleissortiment.

K-Gleis – fest oder flexibel

Das Märklin-Kunststoffgleis ist ohne Bettung erhältlich. Durch seine Zierlichkeit trägt es optisch viel zu einem vorbildgetreu ausgestalteten Gleisumfeld bei.
Die Geometrie basiert auf dem Standardmaß von 180 mm eines geraden Gleises. Ausgleichsstücke helfen, wenn es zum Beispiel beim Übergang zu Weichen oder Kreuzungen klemmt. Die gebogenen Gleise sind auf fünf Radien ausgerichtet. Der Normalkreis I ist mit 360 mm definiert. Der größere Normalkreis II weist einen Radius von 424,6 mm auf. Ergänzt werden diese Radien durch den Großkreis I mit 553,9 mm und Großkreis II mit 618,5 mm. Der vom M-Gleis her bekannte Begriff Industriekreis findet auch beim K-Gleissystem Anwendung. Gemeint ist ein Radius von 295,4 mm und einer Gleiskrümmung von 45°, die sich nur für Nebenbahnen und kurze Fahrzeuge eignet. Bei paralleler Gleisführung ergibt sich zwischen den Normalkreisen wie auch Großkreisen ein Gleisabstand von jeweils 64,6 mm. Die schlanken Weichen und Kreuzungen haben beim K-Gleissystem einen Abzweigwinkel von 14° 26' und sind über das gerade Gleisstück gemessen 225 mm lang. Der abzweigende Bogenradius misst 902,4 mm.

Das Flexgleis erlaubt fast alle Radien. Es kann leicht in Form gebracht werden. Seine Länge beträgt 900 mm.

Eine Sonderform des K-Gleises stellt das Flexible Gleis (2205) dar. Es misst 900 mm und ist sozusagen der Joker unter den Gleiselementen. Wenn die Übergangsstücke des Sortiments nicht mehr ausreichen, hilft es, vorbildgemäße Bögen oder schwierige Übergänge von einem Radius auf den anderen zu realisieren. Mit Hilfe einer Säge kann es verkürzt und anschließend mit Verbindungs- und Kontaktlaschen (7595) versehen werden.

Abgelängte Flexgleise können leicht mit neuen Kontaktlaschen und Verbindungselementen ausgerüstet werden.

C-Gleis – stabile Steckverbindung

Seit 1996 ist das C-Gleis im Handel. Es hat sich dank seiner Stabilität, Vorbildtreue und die optimale Eignung für Märklin Digital

Übergangsgleisstück vom K- zum C-Gleis.

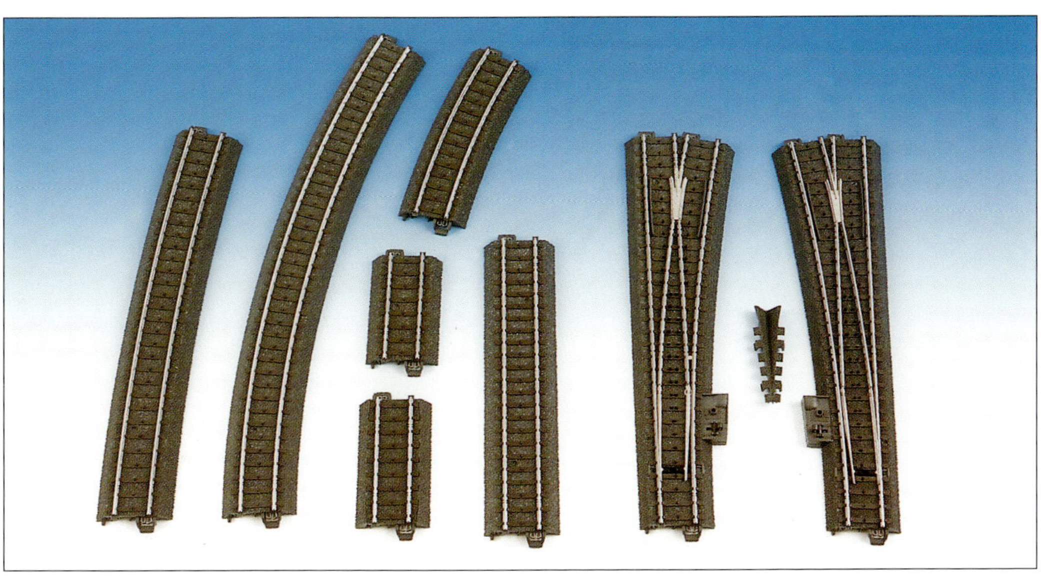

Elemente des C-Gleissystems.

Oben: *Das C-Gleis hat einen wohlgeformten Böschungskörper. Mit Sand und Schotter lässt sich der gute Gesamteindruck noch weiter verbessern.*

Rechte Seite: *Die Paradestrecke wurde ausschließlich aus Flexgleisen gebaut und wirkt dadurch sehr großzügig. Vor allem lange Züge kommen hier sehr schön zur Geltung.*

Unten: *Die schlanken C-Gleisweichen wurden mit Weichenlaternen ausgerüstet, farblich nachbehandelt und zusätzlich leicht eingeschottert.*

profilieren können. Die hohe Festigkeit ergibt sich aus der speziellen Click-Verbindung in Kombination mit einem trittfesten Bettungskörper aus Kunststoff. Die Rastverbindung hält auch dann zuverlässig, wenn die Gleise lediglich zusammengeschoben und nicht festgeschraubt werden – ein Vorteil bei provisorischem Aufbau oder bei Modul-Anlagen, die oft transportiert werden und zuverlässig funktionieren sollen. Digital-Anlagen profitieren optimal von der sicheren Datenübertragung im C-Gleis. Außerdem bietet der Hohlraum unter dem Bettungskörper genügend Platz für Drähte oder Weichen-Decoder. So genannte Anschlussgarnituren (74040) ermöglichen die Fahrstromeinspeisung an jedem beliebigen Gleiselement.

Der Vorbildtreue wird insbesondere durch die schlanken Weichen genüge getan. Die Länge einer schlanken Weiche beträgt 236,1 mm. Ihr Zweiggleisradius misst 1114,6 mm. Der Winkel des Weichenbogens wird mit 12,1° angegeben.
Wie beim K-Gleis existieren auch für das C-Gleissystem fünf Radien. Fügt man 12 Standard-Bogenelemente mit je 30° aneinander, ergibt sich der Normalkreis (R 1) mit einem Radius von 360 mm. Die Parallelkreise haben die Radien 437,5 mm (R 2), 515 mm (R 3), 579,3 mm (R 4) und 643,6 mm (R 5). Zwischen R 1 und R 2 sowie R 2 und R 3 ergibt sich jeweils ein Parallel-Gleisabstand von 77,5 mm – der genügend Platz für die Begegnung längerer Schienenfahrzeuge lässt. Die äußeren Parallelgleise haben jeweils einen Abstand von 64,3 mm. Das Längenraster von 360 mm geht aus den Maßen einer Standard–C-Weiche (188,3 mm) und ihres Gegenbogens (171,7 mm) hervor. Diese beiden Längen findet man auch bei den geraden Gleisen wieder.

Gleise mischen

Dank des schon angesprochenen Übergangsgleisstückes von C nach K lassen sich alle erdenklichen Konfigurationen gestalten. Besonders elegant wirken im leichten Bogen verlegte Bahnhofsgleise. Dank der sehr schlanken C-Gleisweichen machen selbst die 27 cm langen Schnellzugwagen eine gute Figur bei der Fahrt durch die Weichenstraßen. ▲

Oben: *Die Kolosse der Baureihe 45 wurden vor schweren Güterzügen eingesetzt. Ab und an durften sie aber auch eine 01 vor einem D-Zug ersetzen. Eine ideale Lok also für die Modellbahn.*

Unten: *Ein Klassiker schlechthin: die Baureihe 18.4, hier vor einem Personenzug.*

Vor dem Planen: bitte träumen

Am Anfang darf getrost geträumt werden. Denn was ist schöner, als auf einer langen Bahnreise mit Skizzenblock bewaffnet, im Speisewagen sitzend, die ersten Fantasien zur eigenen Großanlage auf das Papier zu kritzeln? Bevor es an die Entwicklung eines konkreten Gleisplans geht, malt sich wohl jeder Modellbauer aus, welche Art von Eisenbahn auf seiner zukünftigen Anlage erlebt werden soll. Dem einen schwebt der Einsatz modernster Loks und Züge vor, dem anderen wären zuckelnde Dampfloks auf beschaulichen Nebenbahnstrecken lieber. Aus solchen Überlegungen geht die Frage hervor, in welcher eisenbahnhistorischen Epoche das Anlagengeschehen spielen soll.
Bei der Konzeption der beiden Anlagen für dieses Buch fiel die Entscheidung zugunsten der Epochen III beziehungsweise V.

Epoche-III-Anlage – Wiederaufbau und Wirtschaftswunder

Die Epoche-III-Anlage bietet den Reiz, das Nebeneinander verschiedenster Fahrzeugtypen genießen zu können. Die Zeit nach dem Zweiten Weltkrieg bis etwa 1970 ist in Deutschland durch den Wiederaufbau und das Phänomen des Wirtschaftswunders geprägt.
Zerstörung und Chaos hatten kriegsbedingt die Produktion neuer Lokomotiven erst einmal ausgebremst. Für geraume Zeit prägten alle möglichen Vorkriegsmaschinen das Bild der deutschen Eisenbahnen. Erst im Laufe der fünfziger Jahre, als der Wirtschaftsmotor in Deutschland wieder angesprungen war, kam es zu Neuentwicklungen bzw. überarbeiteten Neuauflagen von bewährten Dampfloktypen. So ergab sich ein Nebeneinander von Alt und Neu.

Zu den Exoten auf deutschen Gleisen zählten die Lokomotiven 42 9000 und 42 9001. Ihr eigenwilliges Aussehen – Franco-Crosti-Technik – macht sie aber für den Einsatz auf der Modellbahn überaus interessant.

Die Fahrzeugvielfalt bestimmt das Anlagenkonzept

Auf der im Buch vorgestellten Epoche-III-Anlage sollte sowohl eine Hauptbahn als auch Nebenstrecke vorkommen. Die Nebenbahn - so die Überlegung - böte Dieselloks der Reihen V 100, V 160 und V 60 ein Einsatzgebiet. Sie könnten als Mehrzweckloks sowohl vor Personen- als auch Güterzügen fahren. Ergänzen ließe sich dieser Fuhrpark um die Schlepptenderlok der Baureihe 50 und die äußerst erfolgreiche Nebenbahn-Tenderlok der Baureihe 86. Für die Versorgung der Dampfrösser müsste die Anlage ein kleines Bw oder eine Lokstation aufweisen, an der interessante Szenen aus dem Eisenbahnalltag nachgestellt werden könnten.
Die Hauptstrecke würde natürlich zweigleisig sein. Mit der Elektrifizierung wäre schon begonnen worden und der Fahrdraht hinge bereits über den Gleisen. Daher sind sowohl Dampf- und Diesel- als auch Elektroloks vor Güter- und Personenzügen möglich. Auch hier wäre das Mädchen für Alles, die Baureihe 50, denkbar. Hinzu kämen Dampfloks der Vorkriegsrei-

Ganz oben auf den Wunschlisten der Märklinisten stand der Triebzug VT 11.5. Ab Spätherbst 2002 ist aus dem Traum von vielen Realität geworden. Ein vorzügliches Abbild des wohl elegantesten deutschen Zuges kann wie sein großes Vorbild hörbar über die Gleise dieseln.

Oben: *Die Baureihe 44 war die Güterzuglok schlechthin. Der Jumbo sollte folglich auf keiner-Anlage der Epoche III/IV fehlen. Besonders gut macht sich die Lok natürlich vor einem langen Güterzug. Auch auf der Anlage sollten mindestens 15 Wagen am Haken der zugkräftigen Maschine hängen.*

Rechte Seite: *Nebeneinander von Diesel- und E-Loks: Während eine E 18 mit ihrem D-Zug über die Hauptbahn jagt, rollt eine V 100 mit ihrer Übergabe gemächlich über einen Viadukt.*

Unten: *In den 50er Jahren kamen die ersten E 40 auf die Schienen.*

hen 01.10 und 44, von denen etliche im Laufe der Nachkriegszeit auf Ölhauptfeuerung umgestellt wurden. Mit den Öl-Varianten haben beide Klassiker Eingang ins Märklin-Modellsortiment gefunden. Ebenso die Baureihe 45, die vor langen Güterzügen ein echter Hingucker ist. Auch sie könnte auf der Hauptstrecke unterwegs sein. Den elegantesten Auftritt hätte mit Sicherheit die Baureihe 10, eine 1956 in nur zwei Exemplaren ausgelieferte Schnellzug-Dampflok mit weitgehend stromlinienförmigem Kesselvorbau. Einem Einsatz der ehemaligen bayerischen Länderbahnlok S 3/6 stünde ebenfalls nichts im Weg, da Vertreterinnen dieser Reihe noch bis in die fünfziger Jahre hinein planmäßig vor Schnellzügen unterwegs waren. Maschinen aus jüngeren Serien standen nach dem Einbau von Hochleistungskesseln sogar bis 1966 im Schnellzugdienst. Denkbar wären natürlich auch Sonderzüge, die mit der eleganten Maschine bespannt sind.

Eine neue Ära läuteten die Triebzüge VT 11.5 und die Diesellok V 200 mit ihren aerodynamisch runden Stirnfronten ein. Sie würden auf der Anlage für interessante Kontraste sorgen. Bereichern ließe sich das

Mit der 01.10 steht dem Modellbahner eine imposante Schnellzuglok zur Verfügung. Sie kann in den Epochen III und IV vor Schnellzügen eingesetzt werden. Mit Umbauwagen vermag sie zur Bereicherung des Betriebsgeschehens, eine Sonderfahrt mit Eisenbahnfreunden nachzustellen.

Geschehen durch den Einsatz elektrisch betriebener Loks. Berühmteste Vertreterin der Epoche-III würde die ab 1965 gebaute Schnellfahrlok E 03 sein. Darüber hinaus sollten die Elektrolokomotiven der Baureihen E 40, E 18, E 94 und E 44 die Hauptstrecke befahren.
Computergerechte Beschriftung führte die Bundesbahn 1968 ein, gegen Ende der Epoche III. Erste Umzeichnungen erfolgten bei Revisionsterminen. Es dauerte allerdings Jahre, bis alle Fahrzeuge erfasst waren. Für die Auswahl der einzusetzenden Modelle bedeutet dies, dass sowohl Loks und Wagen mit altem Nummernschema als auch solche mit computergerechten Anschriften unterwegs sein können.

Wie groß soll die Anlage eigentlich werden?

Die Entscheidung für die Epoche III schließt auch bestimmte Maßgaben für das Verhältnis der Eisenbahn zur Landschaft mit ein. Da wird zum einen die beschauliche Nebenbahn ihre Trasse erhalten und zum anderen die zweigleisige Hauptbahn. Außerdem sollte das Gelände so gegliedert sein, dass Haupt- und Nebenstrecke gleichberechtigt zur Geltung kommen können. Zu diesem Zweck bietet sich die Aufteilung in mehrere Ebenen an. Eine eher mittelgebirgsähnliche Landschaft soll entstehen. Dadurch wird auch die Raumhöhe zu einem Kriterium für den Platzbedarf. Zudem sollte zumindest ein Streckenstück als gut einsehbare Paradestrecke dienen, um auch vorbildlich lange Zugkompositionen vorbeifahren lassen zu können.
Sieht man, wie im vorliegenden Fall, mehrere Ebenen vor, rechtfertigt das zerklüftete Gelände den Einbau von Brücken. Gitter- oder Steinbrücken sind, wenn sie über sorgfältig gestalteten Wasserläufen angebracht werden, absolute Blickfänger. Angeregt von der Märklin-Premium-Startpackung, durch die der Umgang mit dem Digital-System eingeübt werden konnte, entstand nach und nach die Idee einer Großanlage. Auf ihr würde der digitale Mehrzugbetrieb seine Vorteile so richtig ausspielen können. Nachdem dann ein geeigneter Raum gefunden war, wurden die Abmessungen der zukünftigen Anlage grob skizziert. Klar war, dass der vorhandene Raum nur die L-Form (6,00 m x 3,00 m) zuließ. In dem längeren der beiden Schenkel sollte die Paradestrecke Platz finden. Der Rahmen der Epoche-III-Anlage würde in drei transportablen Teilstücken entstehen, da die Holzarbeiten zunächst an einem anderen Ort stattzufinden hatten als die spätere Landschaftsgestaltung.

Anregungen sammeln

Noch ist kein Stück Holz gesägt, kein Gleisstück verlegt. Dennoch gibt es sie schon im Kopf, die neue Modellbahnanlage. Nicht nur als ungefähres Gleisbild. Auch über die Ausgestaltung kann man sich nicht früh genug Gedanken machen. Außerdem ist diese Art von Beschäftigung überaus kurzweilig. Anregungen lassen sich in der freien Natur oder bewohnten Gebieten sammeln. Wie sehen Felsen in der Realität aus? Wie sind Baumkronen geformt? Wie lässt sich ein Bahnhofsvorplatz oder Park gestalten? Am besten hält man seine Eindrücke mit dem Fotoapparat fest. Informationen zum Bahnbetrieb vermitteln Fachbücher und -zeitschriften. Gerade für die Epoche III ist das Angebot ziemlich ordentlich.

So reizvoll der Nachbau einer solchen Szene mit einer 44 und einem langen Kokszug auch wäre, der in der Regel zur Verfügung stehende Platz lässt dieses Vorhaben meistens scheitern.

Von der Idee zur Planung

Ab einem bestimmten Punkt wächst das Bedürfnis, die zukünftige Anlage einmal zu skizzieren. Jetzt beginnt eine sehr kreative Phase, für die man sich ausreichend Zeit nehmen sollte. Trassenverläufe werden entworfen, Tunnels, Bahnhöfe und Häuser positioniert. Was nicht gefällt, wird wieder wegradiert. Papier und Bleistift sind Utensilien, die überall hin mitgeführt und verwendet werden können. Es kann ja durchaus passieren, dass einem der gute Gedanke im Zug oder am Urlaubsort kommt. Papier ist geduldig. Manchmal erweist sich die Vorstellung von Platzverhältnissen als falsch. Mal reicht die Tiefe nicht aus, mal die Breite. Malt man in der Skizze die einzelnen Flächen – für Gleisanlagen, Gebäude und Landschaft – farbig aus, wird die Anlagenidee noch deutlicher. Irgendwann ist der Entwurf dann so weit, dass man ihn etwas präzisieren sollte. Für das K- und C-Gleis hat Märklin jeweils eine Gleisplan-Zeichenschablone im Angebot (0210/02415). Mit ihr lassen sich sämtliche Gleiselemente im Maßstab 1 : 10 (K-Gleis) bzw. 1 : 5 (C-Gleis) aufzeichnen. Geeignetstes Zeichengerät ist ein Feinminenstift mit 0,5 mm Breite. Darüber hinaus gibt es ein passendes Gleisplanspiel für das C-Gleissystem (02409). Es ist für mittelgroße Anlagen konzipiert und besteht aus magnetischen Gleisstücken im Maßstab 1 : 5, die

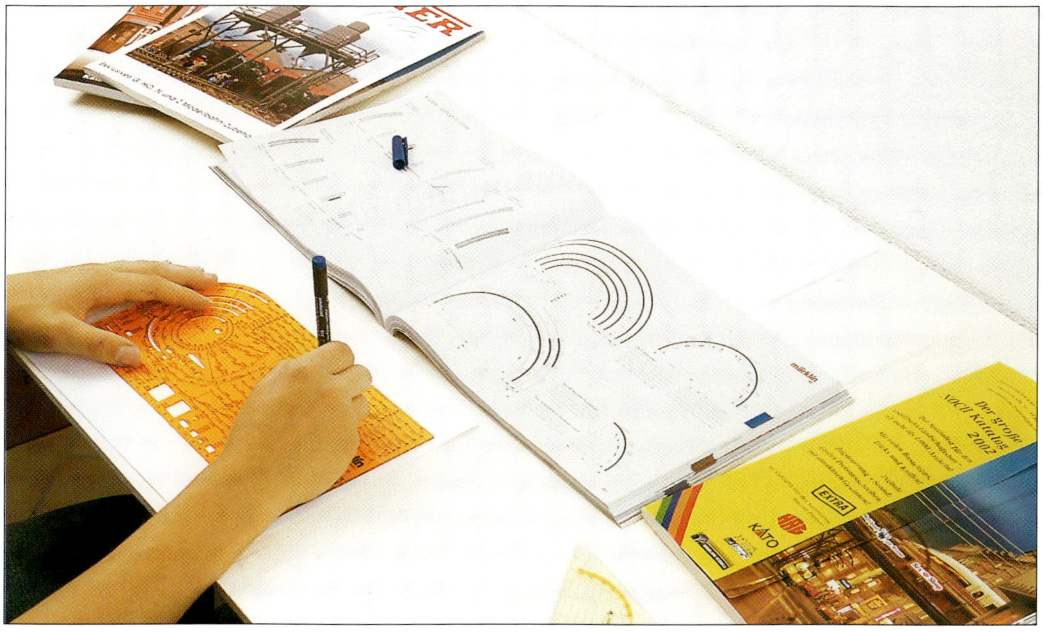

Mit der Gleisschablone können die Planungsarbeiten unterstützt werden. Hilfreich ist es, wenn bereits in dieser Phase die vorgesehenen Zubehörteile ausgewählt werden, um so ein harmonisches Zusammenwirken zwischen Bahn und Landschaft zu erreichen.

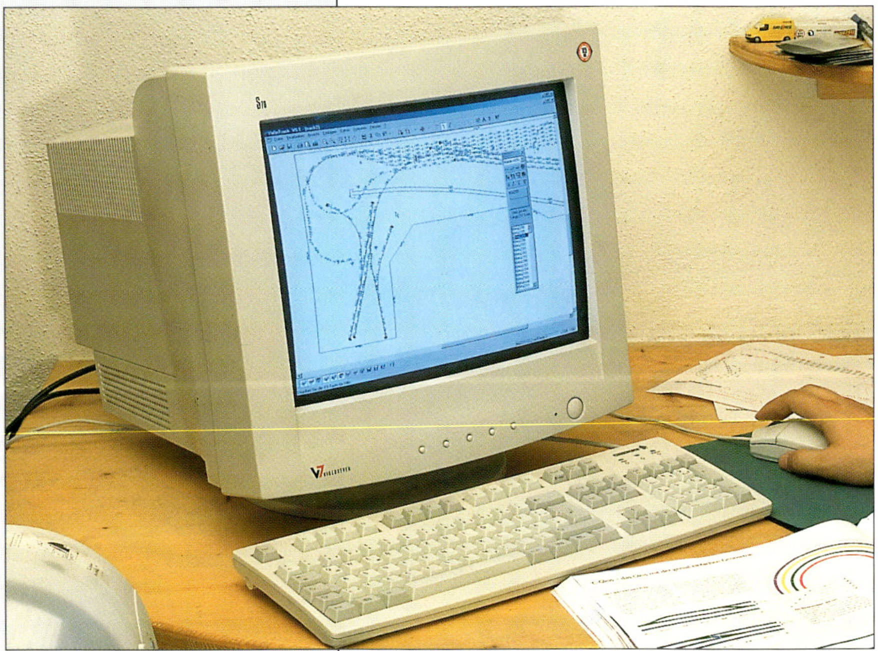

Exakter und auch sicherer ist die Planung der Anlage am PC. Änderungswünsche sind schnell realisiert und ein Ausdruck des Gleisplans liegt rasch auf dem Schreibtisch.

auf einer Grundplatte ausgelegt werden. Genauso gut kann man aber auch auf Computerprogramme zurückgreifen, die einen exakten Gleisplan erstellen und in unterschiedlichen Maßstäben ausdrucken können. Diese Planungshilfen sind für die Umsetzung auf der Anlage sehr wertvoll, ersetzen jedoch nicht den Skizzenblock. Erst wenn die Fantasie erschöpft und das Konzept erdacht ist, sollte man sich an den PC setzen, um die passenden Gleiselemente zusammenzufügen.

Planen mit WinTrack

Mit Programmen wie WinTrack lassen sich selbst kompliziertere Gleispläne sehr leicht verwirklichen, vorausgesetzt, man hat sich mit der Software vertraut gemacht. Ein großer Vorteil dieser Planungsmethode besteht darin, dass viele Varianten ausprobiert und auf der Festplatte abgelegt werden können. Kommt es während der Bauphase zu Änderungen, lassen sich diese nachträglich problemlos in einen bestehenden Plan einarbeiten. Winkel und Längen, beispielsweise von größeren Weichenfeldern, liefert der PC zudem präziser als die Schablone. Portale, Signale und Gebäude ergänzen den Plan. Programme der neuesten Generation können sogar eine dreidimensionale Ansicht der zukünftigen Anlage erstellen. Außerdem erlaubt der PC das mehrmalige Ausdrucken eines Gleisplans. So ist man gleich im Besitz von Kopien, in die sich elektrische Anschlüsse, Magnetartikeladressen oder Rückmeldekontakte eintragen lassen.

Gleis für Gleis per Mausklick

In der Regel steht vor der konkreten Planung fest, in welchem Raum die Anlage Platz finden und welche Gestalt sie haben wird. WinTrack bietet verschiedene Grundformen an, bei denen lediglich die entsprechenden Maße eingegeben werden müssen. Komplexere Grundrisse lassen sich mit Hilfe der Option „Plattenkanten" im Menü „Einfügen" erzeugen. Auf diese Weise schafft man sich einen Bezugsrahmen, in dessen Grenzen der Anlagenplan Gleis für Gleis zusammengesetzt wird. Dabei spielt es keine Rolle, an welcher Stelle man anfängt. Denn auch später lassen sich die Gleise noch verschieben oder drehen. Starten könnte man beispielsweise mit einem Schattenbahnhof oder Ähnlichem. Durch Aktivieren der Option „Anfangspunkt" sind Ort und Winkel des ersten Gleisstücks bestimmbar. Aus einer Liste wird dann das passende Gleissystem ausgewählt. WinTrack hält für die Produkte der meisten Hersteller separate Bibliotheken bereit.

Die Kenntnis von Radien ist nicht notwendig. Klickt man auf die Schaltfläche, fügt sich das ausgewählte Gleis am Ausgangspunkt oder dem markierten Gleisende ein. Stück für Stück gesellen sich auf diese Weise weitere Gleise und Weichen hinzu. Zeigt ein Bogen allerdings, wie man plötzlich feststellt, in die falsche Richtung oder gehört eine Weiche genau anders herum, ist das kein Problem. Die Schaltflächen der Menüleiste bieten genügend Auswahl an Werkzeugen, mit deren Hilfe die Gleise in die korrekte Lage gebracht werden. Es lässt sich festlegen, ob einzusetzende Bögen nach rechts oder links zeigen sollen. Das eine oder andere Verbindungsproblem lösen Flexgleise. Sie ermöglichen auch einen schwungvollen Trassenverlauf. Im Bahnhofsbereich oder wenn der eigene Entwurf nicht aufgeht, ist hingegen das automatische Verbinden äußerst nützlich. Bei dieser Funktion sucht das Programm passende Verbindungsstücke aus, um die

Neue Elemente werden per Mausklick aus der Bibliothek entnommen und platziert.

zwei Gleisenden miteinander zu verknüpfen. Mitunter kommt es in der Praxis vor, dass aufgrund von Fertigungstoleranzen der Lückenschluss dennoch ausbleibt. In diesem Fall ist Probieren angesagt.

Unsichtbare Bereiche

Bei größeren Anlagen ist es sinnvoll, einzelne Bereiche, wie Bahnhof, Paradestrecke und Schattenbahnhöfe, auf verschiedenen Ebenen unterzubringen. So lassen sich übereinander liegende Anlagenteile ausblenden, damit sie beim Zeichnen nicht stören. Werden auch die Tunnelstrecken in separaten Ebenen angelegt, kann man später recht einfach Ausdrucke der sichtbaren Teile anfertigen. Dieses Verfahren erlaubt auch, dass Bahnhofsvarianten im selben Plan untergebracht werden können.
Aus einer Vielzahl von Optionen lassen sich Farbvarianten für die Darstellung der Gleise auswählen. Tunnelstrecken erscheinen als gestrichelte Linie, Flächen werden bunt. Bei der dreidimensionalen Gestaltung kann man Einstellungen zur Höhenlage, zu Brücken oder Geländeeinschnitten vornehmen. Spezielle Funktionen ermöglichen das Berechnen von Steigungen. Um die Frage zu klären, ob mit der geplanten Gleislänge die gewünschte Steigung überhaupt erreicht werden kann, aktiviert man die Längenfunktion. Sie ermittelt die tatsächliche Gleislänge.

Parallelstrecken

Sind Parallelgleise vorgesehen, erweist sich ein einfacher Trick als sehr hilfreich. Da sich der korrekte Abstand automatisch durch ein Weichenfeld ergibt, sollte eine Weiche provisorisch zwischen beide Gleise eingesetzt und anschließend wieder herausgelöscht werden. Bei längeren Flexgleisstrecken empfiehlt sich die Planung mit dem PC eher nicht. Realitätsgetreuer wird der Trassenverlauf, wenn man in der Praxis, beim Auslegen der Gleise, entsprechende Sorgfalt walten lässt.

Einfügen der Gütergleise im Bahnhof der oberen Ebene.

Impressionen einer Landschaft

Wie man sieht, gibt es verschiedene Möglichkeiten, eine Anlagenidee darzustellen. Der Gleisplan kann, je nach dem, wie ausgefeilt er sein soll, als Bleistiftskizze, mit Schablone oder mittels Computer angefertigt werden. Eine weitere, zugegebenermaßen nicht alltägliche Darstellungsform ergab sich für die Epoche-III-Anlage. Zu den Vorgesprächen war auch ein Künstler hinzugebeten worden. Mit Spannung wurde „seine Sicht der Dinge" erwartet. Die aus Entwürfen und Konzeptvorschlägen gewonnenen Eindrücke setzte Peter Bomhard dann auch mittels Aquarelltechnik in faszinierende Eisenbahnwelten um. Das Wesentliche ist liebevoll detailliert und verströmt nun eine typische Epoche-III-Atmosphäre. Die umgebende Landschaft wirkt natürlich, die Topographie ist in Harmonie mit der Eisenbahn. Außerdem sind die geplanten Raumverhältnisse zwischen Haupt- und Nebenbahn erkennbar. Beispiele für die Anordnung der Gebäude werden

Hier hat der Zeichner die später auch verwirklichte Steinbogenbrücke integriert. Sein Vorschlag war es, am oberen Brückenkopf noch eine Blockstelle zu installieren.

Die sicherlich schönste Form der Planung ist das Erstellen von kolorierten Skizzen. Sie vermitteln auch einen räumlichen Eindruck von der Anlage. Dies kann zwar auch der PC. Doch wirken dessen Darstellungen sehr grob. Hier ist der linke Teil der L-Anlage skizziert worden. Testhalber wurden verschiedene Bogen- und Kastenbrücken aus dem Märklin-Sortiment eingezeichnet.

Blick auf die lange, in einer Steigung liegende Paradestrecke. Im Hintergrund überspannt ein mächtiger Steinbogenviadukt die Gleise. Wer genügend Platz zur Verfügung hat, kann diese Situation auch als Einschnitt gestalten.

Das kleine Bw, am oberen Ende des Bahnhofes gelegen. Wir haben uns für einen anderen Wasserturm entschieden und auch den Portalkran weggelassen. Auch die Untersuchungsgrube ist bei einer solch kleinen Lokstation eher nicht vorhanden gewesen.

Im Mittelpunkt der Anlage steht die dreifache Brückenkombination. Oben wurde eine Märklin-Bogenbrücke eingebaut. Die beiden anderen Brücken entstanden im Eigenbau. Das Gelände mit dem talwärts strömenden Fluss macht diese aufwändigen Kunstbau ten glaubhaft.

ebenfalls gegeben. Das macht Appetit. Am liebsten möchte man gleich mit dem Bauen beginnen.

Theorie und Praxis

Die Wichtigkeit der gedanklichen und planerischen Vorarbeiten für eine Modellbahnanlage ist unbestritten. Dennoch sollte sich jeder dessen bewusst sein, dass letzte Klarheit über die Position von Bahngebäuden oder Wohnhäusern erst durch Probieren gewonnen wird. Gebäude sollten nicht sofort bleibend fixiert werden. Es ist vielmehr wichtig, ihre optische Wirkung auf der noch nicht ausgestalteten Anlage an mehreren Plätzen zu testen. Dasselbe gilt für Bäume. So kann beispielsweise ein imposanter Baum den Charakter eines Häuserensembles stark beeinflussen. Andererseits zeigt sich bei einer „Bepflanzungsaktion“ am Anlagenrand oftmals, dass die vorab geschätzte Anzahl an Bäumen bei weitem nicht ausreicht, um einen dichten Wald darzustellen. In solchen Fällen kann ein entsprechender Hintergrund die Lücken schließen. Das Zusammenspiel von Hintergrundkulisse und Ausschmückungselementen darf nicht unterschätzt werden. Ziel der Bemühungen sollte ein harmonisches und stimmiges Gesamtbild sein. ▲

***Seiten 36/37**: Diese Landschaftszeichnung wurde schließlich beim Bau in vielen Bereichen umgesetzt.*

P. Bomhard

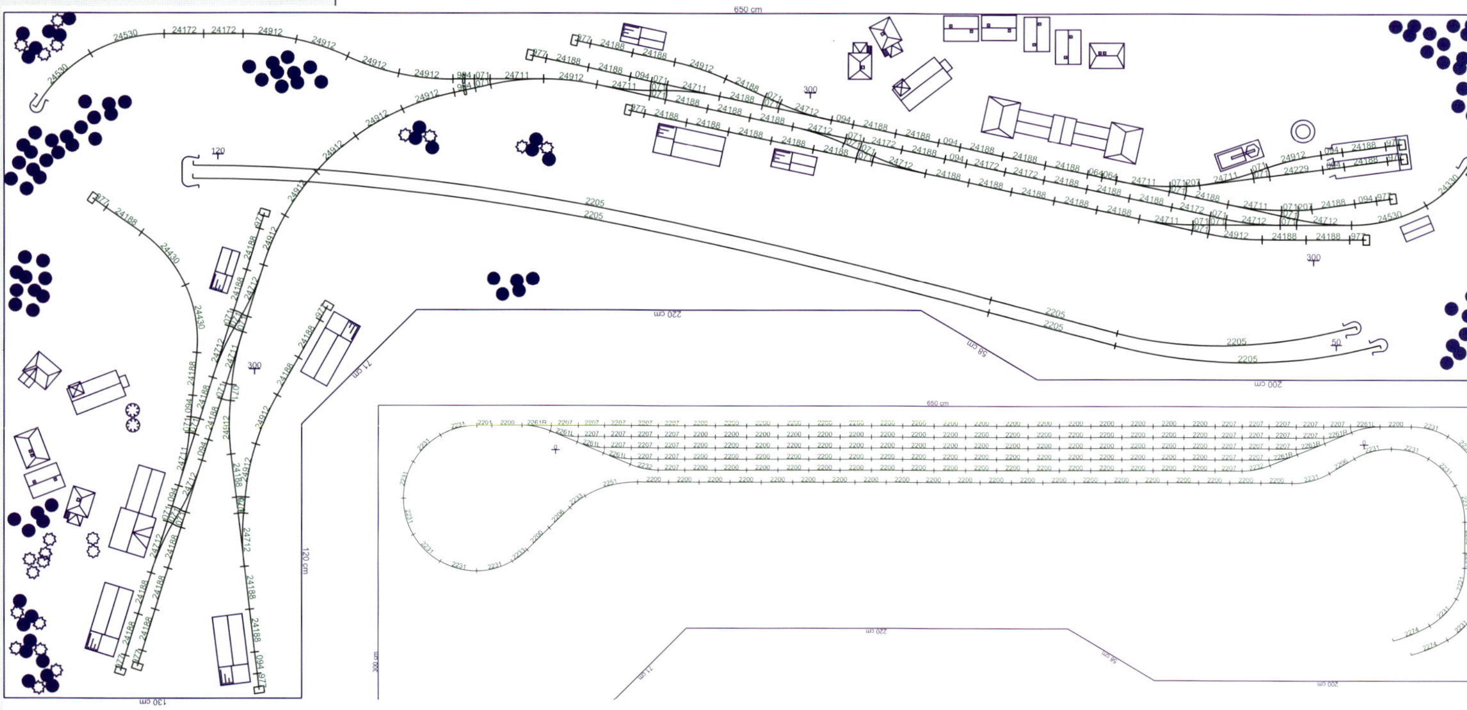

Oben: *Der sichtbare Bereich der Anlage. Die eingezeichneten Gebäude sind lediglich ein Gestaltungsvorschlag.*
Mitte: *Schattenbahnhof der Hauptstrecke.*
Unten: *Der verdeckte Bereich der mittleren Ebene mit den Verbindungsstrecken Haupt-/Nebenbahn.*

Gut geplant ist halb gebaut

Diese Devise sollte beherzt in die Tat umgesetzt werden. Planen macht unheimlichen Spaß. Und wenn dann die Vorarbeiten zu raschen Baufortschritten führen, ist der Mühe Lohn bald gegeben. Bitte keinesfalls den Plan als Maß aller Dinge verstehen. Oft ergeben sich, von der Theorie zur Praxis, Situationen, die eine andere Lösung als die auf dem Papier notwendig machen. So bleibt der Plan immer lebendig und ist größeren oder kleineren Abwandlungen unterworfen. Den kniffligsten Teil stellen die Übergänge zwischen den Ebenen dar. Hier wurde großer Wert auf vorbildgerechte Überleitungen von der Haupt- zu den Nebenlinien gelegt. Bei Redaktionsschluss für dieses Buch war der linke Teil des „L“ noch in Arbeit. ▲

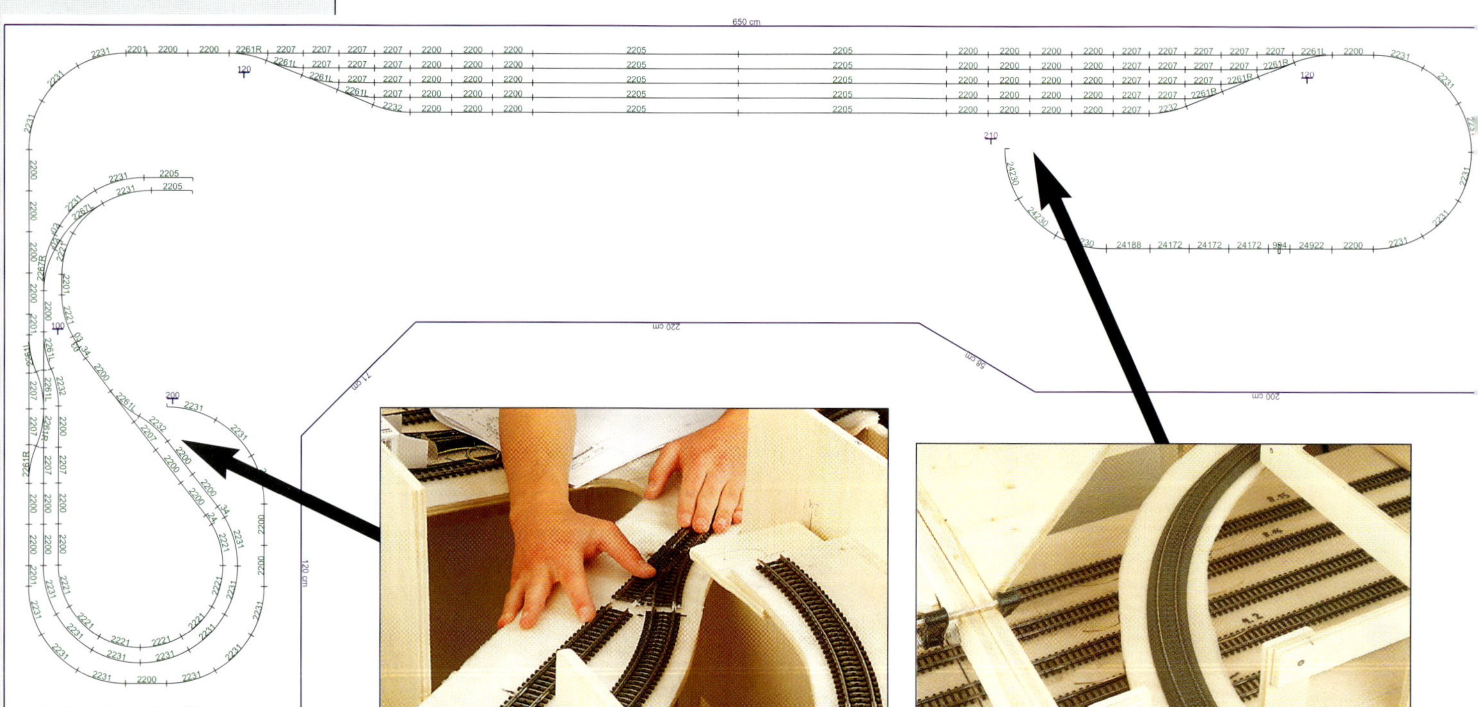

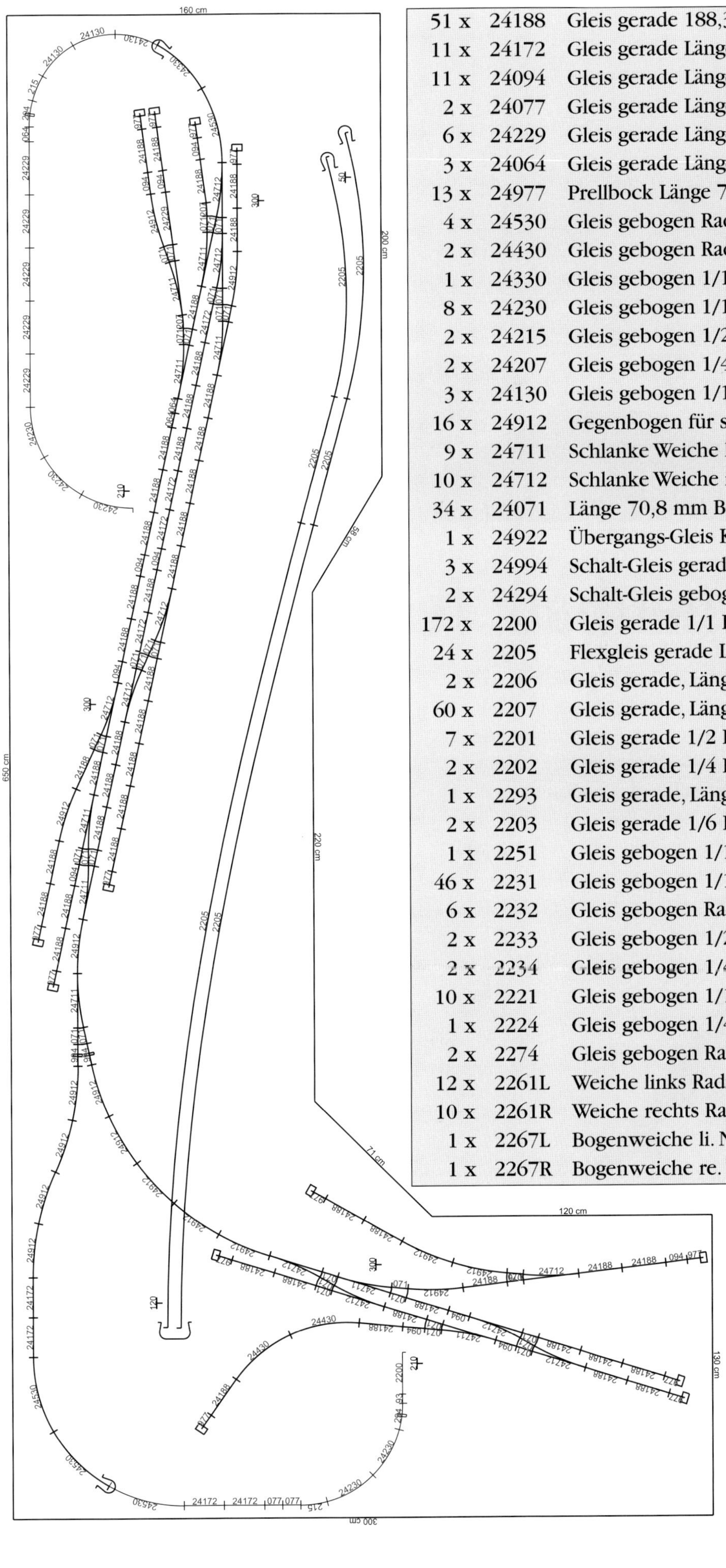

51 x	24188	Gleis gerade 188,3 mm
11 x	24172	Gleis gerade Länge 171,7 mm
11 x	24094	Gleis gerade Länge 94,2 mm
2 x	24077	Gleis gerade Länge 77,5 mm
6 x	24229	Gleis gerade Länge 229,3 mm
3 x	24064	Gleis gerade Länge 64,3 mm
13 x	24977	Prellbock Länge 77,5 mm
4 x	24530	Gleis gebogen Radius R5 = 643,6 mm
2 x	24430	Gleis gebogen Radius R4 = 579,3 mm
1 x	24330	Gleis gebogen 1/1 Radius 515 mm Parallelkreis
8 x	24230	Gleis gebogen 1/1 Radius 437,5 mm Parallelkreis
2 x	24215	Gleis gebogen 1/2 Radius 437,5 mm Parallelkreis
2 x	24207	Gleis gebogen 1/4 Radius 437,5 mm Parallelkreis
3 x	24130	Gleis gebogen 1/1 Radius 360 mm Normalkreis
16 x	24912	Gegenbogen für schlanke Weichen
9 x	24711	Schlanke Weiche links Radius 1114,6 mm
10 x	24712	Schlanke Weiche rechts Radius 1114,6 mm
34 x	24071	Länge 70,8 mm Böschung abnehmbar
1 x	24922	Übergangs-Gleis K Länge 180 mm
3 x	24994	Schalt-Gleis gerade Länge 94,2 mm
2 x	24294	Schalt-Gleis gebogen Parallelkreis
172 x	2200	Gleis gerade 1/1 Länge 180 mm
24 x	2205	Flexgleis gerade Länge 900 mm
2 x	2206	Gleis gerade, Länge 168,9 mm
60 x	2207	Gleis gerade, Länge 156 mm
7 x	2201	Gleis gerade 1/2 Länge 90 mm
2 x	2202	Gleis gerade 1/4 Länge 45 mm
1 x	2293	Gleis gerade, Länge 41,3 mm
2 x	2203	Gleis gerade 1/6 Länge 30 mm
1 x	2251	Gleis gebogen 1/1 Radius 618,5 mm Großkreis II
46 x	2231	Gleis gebogen 1/1 Radius 424,6 mm Normalkreis II
6 x	2232	Gleis gebogen Radius 424,6 mm Gegenbogen
2 x	2233	Gleis gebogen 1/2 Radius 424,6 mm Normalkreis II
2 x	2234	Gleis gebogen 1/4 Radius 424,6 mm Normalkreis II
10 x	2221	Gleis gebogen 1/1 Radius 360 mm Normalkreis I
1 x	2224	Gleis gebogen 1/4 Radius 360 mm Normalkreis I
2 x	2274	Gleis gebogen Radius 902,4 mm Gegenbogen
12 x	2261L	Weiche links Radius 424,6 mm Normalkreis II
10 x	2261R	Weiche rechts Radius 424,6 mm Normalkreis II
1 x	2267L	Bogenweiche li. Normalkreis I
1 x	2267R	Bogenweiche re. Normalkreis I

***Links:** Der Gleisplan ergibt zusammen mit dem von Seite 38 Mitte die Verknüpfung aller Strecken. Lediglich der Schattenbahnhof der Hauptbahn ist in sich „geschlossen".*

***Oben:** Die Stückliste. Sie wird auf Wunsch von WinTrack erzeugt.*

Noch ruht der erste Rahmen, mit den bereits montierten Spanten, auf Holzböcken. Die Holzarbeiten sind die Grundlage für die Qualität der späteren Anlage. Folglich werden sie sehr gründlich ausgeführt.

Rahmenbau: feste Grundlage

Mit der ausgedachten Landschaftsform im Kopf und dem Gleisplan in der Hand geht es nun an den Rohbau der Anlage. Ein Rahmen soll entstehen. Er ist die Grundlage und sollte absolut solide und handwerklich einwandfrei gebaut werden. Zuerst kümmert man sich um die Auswahl des Holzes. Sind die benötigten Sperrholzplatten (10 mm) dann besorgt, und liegt das Gleismaterial parat, wird allerdings nicht munter drauflosgesägt und geschraubt. Zuerst stehen einige Vorarbeiten an, damit die Holzelemente später exakt zusammenpassen und es nirgends klemmt.

Die Gleise für den Schattenbahnhof werden erstmals ausgelegt.

Gleise auslegen

Der erste Schritt besteht im Auslegen aller Gleise und Gleisanlagen. Als Unterlage dienen die Sperrholzplatten, aus denen die Trassen ausgesägt werden sollen. Damit sie in etwa die Form der Anlage wiedergeben, legt man sie auf Klappböcken aus, die unbedingt in ausreichender Anzahl zur Verfügung stehen sollten. Hier gilt der Spruch: lieber zu viele als zu wenig. Auch müssen diese nützlichen Hilfen nicht teuer sein – die einfache und billige Ausführung reicht hier völlig aus. Sind alle Platten an ihrem Platz, folgt das Zusammenstecken der Gleise gemäß dem Gleisplan. In dieser Phase lassen sich gegebenenfalls noch Änderungen vornehmen, die aber unbedingt im Plan zu notieren sind.
Als Nächstes wird die Lage der Gleise angezeichnet. Hierfür empfiehlt sich ein Bleistift, da er sich, im Gegensatz zu Kugelschreiber oder Filzstift, bei einer Korrektur leicht wieder entfernen lässt. Für das K- und C-Gleis ist unterschiedlich vorzugehen. Im Hinblick auf die spätere Bettung

wird beim K-Gleis die Gleismitte markiert. Beim C-Gleis fährt man hingegen mit dem Bleistift an den äußeren Kanten entlang. Beim K-Gleis sollte auch darauf geachtet werden, dass die Weichenantriebe auf dem Trassenbrett genügend Platz finden.

Radien auszirkeln

K-Gleisbögen sind, wenn sie nur zusammengesteckt und nicht fixiert wurden, etwas labil. Daher zeichnet man den Bogenverlauf vorher besser auf. Für diese Aufgabe eignet sich ein selbst gebastelter Zirkel. Zunächst gilt es, die Mitte des gedachten Kreises zu ermitteln. Zu diesem Zweck wird dort, wo der Kreis beginnt, der Radius ab der Gleismitte als Linie auf der Holzplatte angezeichnet. Im rechten Winkel ergibt sich dann mit dem gleichen Wert der Fixpunkt für den Viertelkreis. Die Radien zu den verwendeten Bogengleisen finden sich auf der Verpackung oder im Märklin-Katalog.
Wer die erste Linie gerade um den Radius verlängert, erhält die Markierung für den Halbkreis. Im Zentrum des Kreises befestigt man nun eine Schraube. Ein Band, an dessen Ende ein Bleistift in einer Schlaufe steckt, lässt sich genau in der Länge des Radius an der Schraube fixieren. Mit dem Bleistift am Band zeichnet man anschließend die Gleismitte für den gewünschten Bogen auf dem Trassenbrett an.
Leider verdienen vor allem gerade Strecken nicht immer ihren Namen, da einem mitunter das Augenmaß einen Streich spielt oder die ausgelegten Gleise verrutschen. Daher sollte man beim Zusammenstecken eine ausreichend lange Holzleiste mit einem Querschnitt von 10 mm x 20 mm zu Hilfe nehmen und die

Oben und Mitte: *Mit einem selbst gebauten Zirkel werden die Radien ermittelt und anschließend auf die Platte übertragen.*

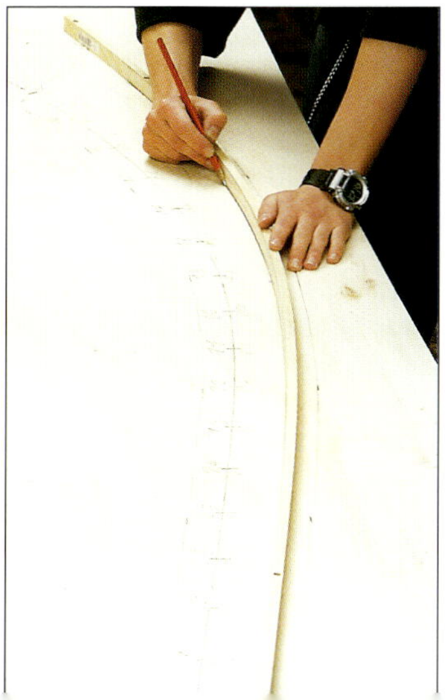

Links und unten: *Eine große Hilfe ist die lange Holzleiste. Mit ihr lassen sich auch lange Strecken problemlos und vor allem gleichmäßig auf der Platte anzeichnen. Dies ist für den späteren, harmonischen Verlauf der Paradestrecke von Bedeutung.*

Oben, rechts und Mitte: *Auch im Schattenbahnhof ist wegen der langen Geraden ein exaktes Anzeichnen wichtig. Dabei werden die Gleismitten auf die Platte übertragen.*

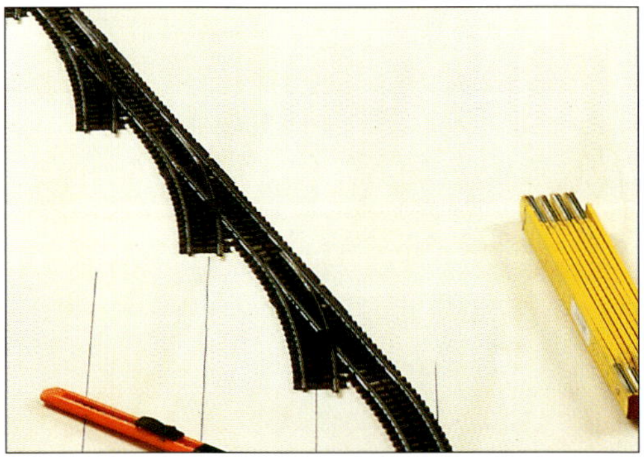

Die Paradestrecke liegt in der Steigung. Um diese vorbildgerecht gleichmäßig anlegen zu können, darf auch ein bisschen gerechnet werden.

Gleise mit den dazugehörenden Schrauben befestigen. Bei den leicht geschwungenen Partien unserer Paradestrecke bewährt sich die Holzleiste gleichermaßen. Hierzu wird sie hochkant am Anfang der Biegung auf dem Trassenbrett festgeschraubt und entsprechend dem gewünschten Gleisverlauf gebogen. Nun kann die Gleislage exakt angezeichnet werden.

Trasse anzeichnen

Sind die Gleise wieder abgetragen und verstaut, wird die Trassenbreite auf den Sperrholzplatten markiert. Wie breit müssen Trassenbretter sein? Bei eingleisigen Strecken sind 60 bis 70 mm ausreichend. Zweigleisige Strecken haben von der Gleismitte gerechnet nach beiden Seiten hin einen Platzbedarf von etwa 30 bis 40 mm. Dieser Wert hängt allerdings von dem jeweils eingesetzten Gleissystem und der Bettung ab. Die werkseitig vorgegebenen Parallelgleisabstände müssen nicht jedermanns Sache sein. So beträgt der Mindestwert beim K-Gleis beispielsweise 57 mm. Auf einer geraden oder leicht geschwungenen Strecke kann man aber mit einem geringeren Wert ein erheblich besseres Aussehen erreichen. Auf unserer Anlage wurde der Abstand auf 50 mm reduziert. Für die Montage einer Oberleitung direkt auf dem Trassenbrett, ist etwas mehr Platz nötig. Wer rund 15 cm Breite für die Trasse einrechnet, ist aber auf jeden Fall auf der sicheren Seite.

Eine größere Auflagefläche sollte für Tunnelportale und Ähnliches eingeplant werden. Für den Schattenbahnhof und andere nicht einsehbare Anlagenbereiche ist eine breitere Trasse kein Nachteil. Sie verhindert, dass Fahrzeuge bei einer Entgleisung gleich auf den Boden stürzen. Es spricht auch nichts dagegen, in den verdeckten Bereichen die gesamte Sperrholzplatte als Unterlage zu integrieren. In diesem Fall machen ausreichend große Zugriffsöffnungen das Leben leichter.

Höhenverlauf notieren

Halt, es geht noch nicht ans Sägen. Zuerst müssen sämtliche Steigungs- und Gefälle-

werte auf dem Trassenbrett notiert und anschließend auf die Spanten übertragen werden. Sorgfältiges Arbeiten ist hier unumgänglich.
Aus dem Gleisplan entnimmt man die Lage der Steigungs- und Gefällestrecken sowie die Werte der jeweiligen Höhendifferenzen. Die Streckenabschnitte teilt man in Partien zu 10 cm ein. Dividiert man nun die Höhendifferenz durch die Anzahl der Abschnitte, ergibt sich der Steigungs- bzw. Gefällewert für die einzelnen Partien, der im weiteren Arbeitsverlauf auf die Spanten übertragen wird.

Links und Mitte: *Der Verlauf der Steigung wird gleich auf die Spanten übertragen. Diese tragen später die Trassenbretter der Strecke.*

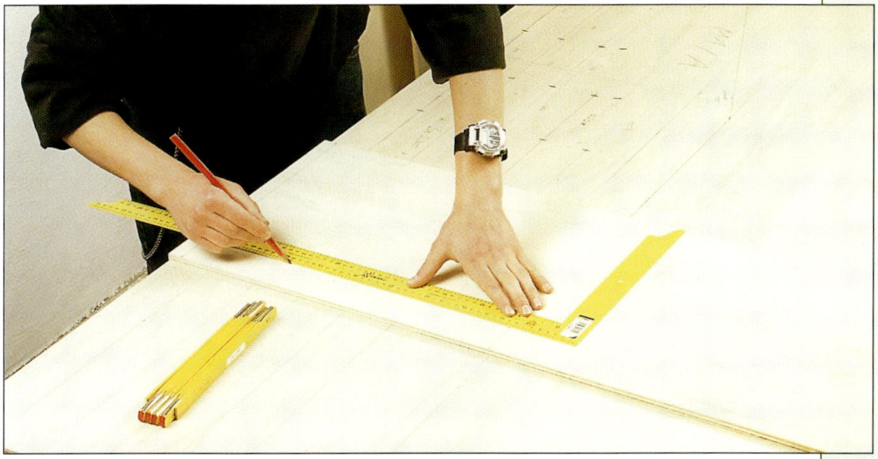

Vom Trassenbrett zum Spant

Die Spanten müssen den Trassenverlauf exakt übernehmen, sonst klemmts beim Zusammenbau. Als Erstes zeichnet man daher die Einbaulage dieser Versteifungselemente auf dem Trassenuntergrund ein. Dann wird der Spant an der Markierung angelegt und ausgehend von der Höhe Null die Lage der Trasse auf den Spant übernommen. Die Trassenhöhe Null ist allerdings nicht gleichzusetzen mit der Unterlinie der Spanten. Hier muss ein Minimum als tragender Rahmen dazugerechnet werden: in unserem Fall 50 mm. Die Trassenhöhe Null liegt demnach auf den Spanten bei 50 mm ab Unterkante. Zusammen mit der notwendigen Durchfahrtshöhe ergeben sich die Maße für den Ausschnitt im Spant. Die Höhe sollte mindestens 10 cm betragen. Nicht etwa deshalb, weil die Loks so groß wären. Im Fall einer Entgleisung kommt man jedoch bei kleineren Öffnungen kaum mehr an die Fahrzeuge heran. Sind Fahrleitungen vorgesehen, muss der Ausschnitt entsprechend größer ausfallen.
Damit der Fortgang der Arbeiten nicht immer wieder durch verzweifeltes Suchen unterbrochen wird, sollte man sich von Anfang an unbedingt angewöhnen, alle Bauteile zu nummerieren. Vor allem wegen der Größe der Anlage ist dies unumgänglich. Das gilt insbesondere auch für die Spanten, deren Nummern auch auf die Trassenbretter übertragen werden. Bei diesen Versteifungselementen sollten auch die Hinweise „oben“ und „unten“, „vorne“ und „hinten“ nicht fehlen. Erfahrung hat uns in

Links und unten: *Jetzt kommt die Stichsäge zum Einsatz. Zum einen werden Ecken abgetrennt, in deren Bereich später die Füße montiert werden. Und zum anderen sind die Trassenbretter der Paradestrecke auszuschneiden.*

***Oben:** Die Rückwände der Kästen werden mit Leisten verstärkt. Auf diesen werden die Trassen für die Schattenbahnhöfe ruhen.*

***Rechts:** Verschrauben eines Spantes.*

***Oben:** Die Spanten sind mit der Rückwand verschraubt worden. Die Position des Trassenbrettes der Paradestrecke ist gut zu erkennen.*

***Rechts:** Nun ist die Trasse der Hauptstrecke erstmals aufgelegt worden.*

diesem Fall klug gemacht. Wir hatten zwei Stücke, die im Eifer verkehrt herum oder auf dem Kopf stehend eingebaut wurden. Ein Glück, wenn so ein Fehler rechtzeitig bemerkt wird.
Ein wenig räumliches Vorstellungsvermögen hilft zudem, Verrenkungen zu vermeiden. Ein besonders langes, breites oder gebogenes Trassenbrett könnte beim späteren Einschieben durch die Spantenausschnitte eventuell Schwierigkeiten bereiten. Wer vorausdenkt, setzt die entsprechenden Ausschnitte größer an. Die Durchlässe können auch zu einem späteren Zeitpunkt erweitert werden. Allerdings sollte man grundsätzlich abwägen, ob es nicht ratsamer ist, ein Trassenbrett zu zerlegen anstatt den Ausschnitt groß und größer werden zu lassen. Vom Spant sollte schließlich, wie bereits erwähnt, noch etwas übrig bleiben, damit er seine tragende Funktion erfüllen kann.
Unter Umständen kann es im Verlauf der weiteren Arbeiten allerdings vorkommen, dass man die 50 mm, die an der Unterseite des Spantes als tragendes Teil fungieren, nicht einhalten kann. Die Reduzierung dieses Wertes bedeutet aber Stabilitätsverlust. Um dies auszugleichen, empfiehlt es sich, an der Unterkante des Spants seitlich eine Holzleiste aufzuleimen. Schon ein Sperrholzstreifen von 10 mm x 30 mm führt dazu, dass sich die Festigkeit erhöht.
Falls die Geländestruktur anhand der geplanten Gleisführung und den vorgesehenen Kunstbauten, wie Tunnels und Brücken, schon weitgehend erkennbar ist, können die Landschaftsformen an den Spanten und Rahmenbrettern grob ausgesägt werden. Diese Vorgangsweise erleichterte im Abschnitt Paradestrecke – C-Ebene die spätere Trassenmontage.

Zugänge schaffen

Größere Trassenflächen, die für Bahnhofsanlagen im sichtbaren oder verdeckten Bereich erforderlich sind, werden zusätzlich an den Rahmenbrettern befestigt. Zu diesem Zweck überträgt man ihre Lage von der Sperrholzunterlage auf den Rahmen. Damit die verdeckten Anlagenteile später zugänglich sind, muss besonders in der Rückwand für ausreichend große

Zugriffsöffnungen gesorgt werden. Dabei kann man folgendermaßen vorgehen. An den Eckpunkten einer Öffnung werden mit einem Forstnerbohrer kleine Löcher ausgefräst. Diese dienen dann als Ansatzpunkte für den Ausschnitt mit der Stichsäge. In solchen Bereichen, wo die Spanten mit dem Rahmen verschraubt sind, sollten allerdings keine Öffnungen entstehen.
Auf die Rahmenbretter geschraubte Sperrholzleisten (10 mm x 30 mm) dienen der Trasse als stabile Auflage. Im Bereich der Spanten lässt man sie jedoch weg. Die Lage der Spanten am Rahmen übernimmt man wieder von den Trassenbrettern. Auch hier gilt: alles durchnummerieren. Die einzelnen Rahmenbretter sollten ebenfalls gekennzeichnet sein.
Zugriffsöffnungen gibt es nicht nur an der Anlagenrückwand. Sie werden mitunter auch an anderen verdeckten Stellen nötig, z. Bsp. für einen Schattenbahnhof oder nicht sichtbare Strecken. Da kann es schon vorkommen, dass auch von der Stirnseite des Rahmens aus ein Zugang geschaffen werden muss. Ähnlich wie bei den Spanten werden solche Öffnungen von der Trassenunterlage auf die Rahmenbretter übernommen.
Nun kann das große Sägen losgehen. Die Trassenbretter erhalten ihre Form. Und wenn die Eckpunkte genügend weit aufgebohrt werden, sodass sich das Sägeblatt gut ansetzen lässt, dürfte auch das Ausschneiden der Zugriffsöffnungen in den Spanten und Rahmenbrettern keine größeren Probleme bereiten.

Oben und Mitte: *Vorbeugen ist besser als... Um auch während des Betriebes einen optimalen Zugriff auf die Züge im Schattenbahnhof zu haben, werden in die Rückseiten Luken geschnitten. Nach dem Aussägen werden die Schnittkanten versäubert.*

Links: *Gut gearbeitet! Der Winkelmesser bestätigt den exakt rechtwinkeligen Einbau der Holzelemente.*

Rechts: *Weitere Spanten werden nun verschraubt.*

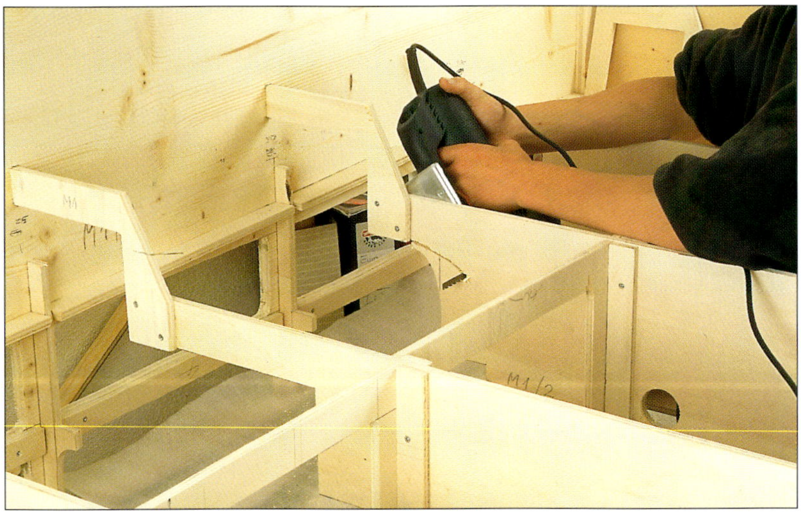

Nacharbeiten im Bereich der Schattenbahnhöfe. Um die Trassenbretter besser einfügen zu können, werden einige Zentimeter Holz abgetragen.

Montage der Rahmen

Es folgt die Rahmenmontage. Hierbei entstehen rechteckige Kästen beziehungsweise Module. Da sie später miteinander verbunden werden, tut jeder Modellbauer gut daran, auf eine exakt rechtwinkelige Montage der Rahmenteile sowohl in der Waagerechten als auch Horizontalen zu achten. Sonst stehen die Verbindungswände später schräg zueinander. Das lässt sich zwar im begrenzten Maß mit der Höheneinstellung der Stützfüße regulieren, bei gröberen Patzern steht aber zum Schluss vielleicht die ganze Anlage schief. Die Kästen gewinnen erheblich an Stabilität, wenn man jeweils oben und unten in den Ecken dreieckige Verstärkungen aus dem Material der Rahmenbretter einsetzt (16 mm stark, ca. 30 cm Schenkellänge). Hierbei darf die spätere Landschaftsform nicht ganz außer Acht gelassen werden: Wenn der Rahmen noch zugesägt werden muss, werden die Versteifungen entsprechend tief angesetzt. Damit die Kastenfüße anschließend noch Platz finden, dürfen entsprechende Aussparungen in den Versteifungselementen nicht fehlen.

Spanten und Füße einsetzen

Der nächste Arbeitsschritt sieht den Einbau der Spanten vor. Sie werden an den eingezeichneten Stellen in die Kästen eingefügt. Trassenbretter, die im späteren Verlauf nur noch schwierig in die Rahmen einzufädeln sind, werden gleich zusammen mit den Spanten eingesetzt, aber noch nicht befestigt. Es empfiehlt sich, alle Teile der Kästen zunächst trocken zusammenzuschrauben, also ohne Leim. So sind eventuelle Korrekturen noch leicht auszuführen. Erst wenn alles passt, kann man auch zum Leimtopf greifen. Nach dem Klebevorgang sollten die Kästen eine ausreichende Zeit lang trocknen. Andernfalls besteht die Gefahr, dass sich einzelne Teile oder ein ganzer Kasten bei den nachfolgenden Arbeiten verschieben oder verziehen.

Bevor es dann weitergeht, sollten praktischerweise die Stützfüße angebracht werden. Mit Rollen ausgestattet, lassen sich die Kästen dann gut drehen und bewegen. Die Kanthölzer, auf denen die Anlage stehen soll, werden mit jeweils drei Schlossschrauben am Rahmen festgemacht. Damit die Schraubenköpfe an den Stirnseiten nicht herausstehen und die Verbindung der Module untereinander behindern, sollte man mittels Forstnerbohrer für entsprechende Vertiefungen sorgen, in denen die Köpfe Platz finden. An gut zugänglichen Stellen können Flügelmuttern eingesetzt werden. Sie dürfen allerdings nicht in den Gleisbereich hineinragen. Besonders in den verdeckten Bereichen sollte gleich ausprobiert werden, ob nicht die eine oder andere Schraube in das Lichtraumprofil hineinragt, denn noch sind Änderungen leicht möglich. Mit der Hand schwer erreichbare Schrauben bekommen eine passende Sechskantmutter aufgesetzt. Dies lässt sich mit einer Ratsche und entsprechenden Verlängerungen bewerkstelligen. Ob Flügel- oder Sechskantmutter, in jedem Fall gehört eine so genannte Beilagscheibe dazu. Bleibt sie weg, können sich die Muttern viel zu tief ins Holz einpressen. Die hierfür benötigten großen Scheiben mit einem Durchmesser von etwa drei Zentimetern sind im Allgemeinen unter der Bezeichnung Karrosseriescheiben erhältlich. Wer im Baumarkt kein Glück hat, sollte sich an den Kraftfahrzeugteilehandel wenden.

Mit der genauen Justierung der Füße sollte allerdings noch so lange gewartet werden, bis die Rahmenbretter landschaftsgemäß geformt sind und die endgültige Höhe der Anlage feststeht. Im Laufe des Trocknungsprozesses lockern sich die Schrauben jedoch wieder. Deshalb steht die regelmäßige Kontrolle der Flügelmuttern an

__Oben und Mitte:__ Die Gleise in den Schattenbahnhöfen werden mit Klebstoff befestigt. Zuvor wird der Untergrund mit Weißleim zum Fixieren der Dämmfolie bestrichen.

den Kastenfüßen immer wieder auf dem Programm. Von Zeit zu Zeit wollen sie nachgezogen werden.

Trassenbretter montieren

Als Nächstes können die Trassenbretter montiert werden. Wer auf Geräuschdämmung Wert legt, sollte die Trasse vorher noch mit einem geeigneten Dämmstoff präparieren. Die Aufzeichnungen des Gleisverlaufs müssen allerdings sichtbar bleiben. Daher wird Trittschallfolie mit einer Stärke von 2 mm aufgeklebt. Diese leichte, weiße Kunststofffolie lässt die Markierungen auch nach dem Kleben noch durchscheinen. Als Klebstoff kommen entweder Kontaktkleber (UHU-Kraft, Pattex etc.) oder der Modellbau-Haftkleber von Busch zum Einsatz. Kontaktkleber riechen allerdings etwas stark, weshalb wir uns für den Modellbau-Haftkleber von Busch entschieden haben, der allerdings nur in kleinen Fläschchen erhältlich ist.
Der Haftkleber lässt sich gut mit einem Pinsel aufstreichen. Er wird beidseitig aufgetragen und muss vollständig trocknen. Im feuchten Zustand sieht er milchig aus, dann wird er klar. Klebt man zu früh, hält die Verbindung nicht richtig. Bei diesen Arbeiten sollte auch bedacht werden, dass der Busch-Haftkleber im frischen Zustand zwar wasserlöslich ist, kurze Zeit später aber seinem Namen voll gerecht wird. Vorsicht ist daher angebracht, um Spritzer auf Haut oder Kleidung zu vermeiden, die sich nur schwer entfernen lassen. Der Pinsel zum Auftragen sollte sofort nach der Arbeit

Zurechtschneiden der Trittschallisolierung.

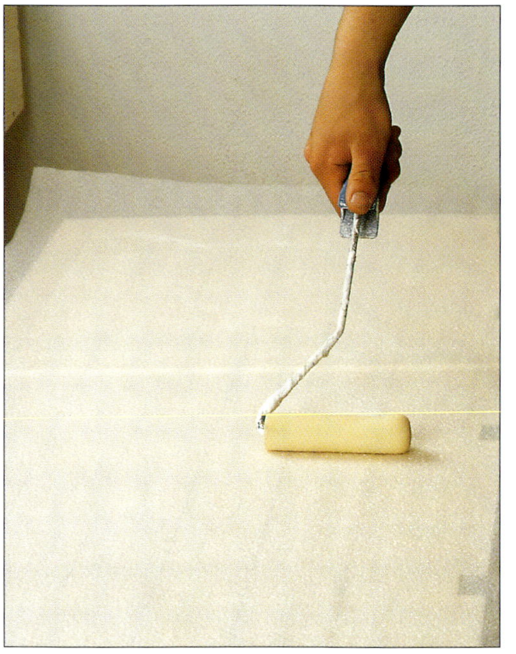

Mit dem Kleber von Busch wird die Trittschallfolie auf die Trägerplatte des Schattenbahnhofs geklebt. Eine Walze sorgt dafür, dass die Folie gut auf dem Untergrund haftet.

in ein Glas mit Wasser gestellt werden, sonst wird er unbrauchbar. Die Folie wird nach dem Aufkleben mit einer Schaumstofflackierrolle oder einer Moltoprenrolle angedrückt. Die Überstände schneidet man mit einer Schere ab.
Bereiche, die nach der Trassenmontage nur noch schwer erreichbar sind, wie beispielsweise Schattenbahnhöfe, sollten bereits in dieser Phase ihre Gleisanlagen erhalten. Wer die Spanten und Rahmenseiten mit geeigneten Ausschnitten versieht und auch bei der Formgebung der Trassenbretter entsprechend kalkuliert, kann die Trasse samt Gleis fix und fertig in den Kasten einfügen. Auf diese Weise kann das Verlegen der Gleise bequem außerhalb der Anlage

***Unten links und rechts:** Die Gleise für die Schattenbahnhöfe werden außerhalb des Rahmens komplett montiert und auch mit allen Kabeln versehen. So lässt es sich leichter arbeiten als rücklings unter der Anlage liegend.*

Um eine höhere Stabilität zu erreichen, werden weitere Sperrholzbretter in die Konstruktion eingeführt. Hier spricht man von der so genannten Verkastung.

erfolgen. Auch Schattenbahnhöfe werden quasi anschlussfertig montiert.
Nach der Montage der Trassenbretter entdeckt man hier und da noch Stellen, an denen zusätzliche Träger oder Versteifungen eingebaut werden sollten. Meist handelt es sich um Trassenbögen, die streckenweise in der Luft hängen. Mit ein paar Zusatzteilen aus Sperrholz ist hier schnell für Stabilität gesorgt. Je nach Abstand der Spanten zueinander und dem Gewicht der Einbauteile, wird auch eine zusätzliche Versteifung zwischen den Spanten erforderlich. Bei der Epoche-III-Anlage war das in einem der Module der Fall. Hier liegen unter anderem zwei größere Trassenbretter für die Schattenbahnhöfe der Ebenen A und B. Durch das große Gewicht der massiven Konstruktion und die Länge des Moduls war absehbar, dass die Spanten allein hier auf Dauer nicht halten würden. Über kurz oder lang würde der Kasten seine Form verlieren und leicht durchhängen. Aus diesem Grund wurden zwischen die Spanten senkrechte Verkastungen eingesetzt. Dabei handelt es sich um Querbretter aus Sperrholz, die mit Zugriffsöffnungen für die Schattenbahnhöfe versehen sind. An den Querbrettern befestigte Sperrholzstreifen dienen zudem als Auflage für die Bahnhofsbretter. Durch die Versteifungsmaßnahmen wurde das recht lange Modul äußerst formstabil. Es ist sogar begehbar. ▲

Nun wird das zunächst probeweise eingeführte Trassenbrett zur endgültigen Montage eingepasst.

Während der Bauphase entstand dieses Bild der frisch eingeschotterten Paradestrecke. Die Masten für die Fahrleitung wurden noch nicht gesetzt.

Gleisbau und Kabelstränge

Der Rohbau steht. Jetzt dürfen alle Gleise wieder ausgepackt werden. Entsprechend dem Gleisplan und dem angezeichneten Streckenverlauf wird das Schienenmaterial nun auf den Trassenbrettern verlegt. Dabei arbeitet man am besten von unten nach oben. Als Ausgangspunkt für die Gleisverlegung dient der Schattenbahnhof, der bereits mit Gleisen ausgestattet wurde.

Für längere Strecken empfiehlt sich der Einsatz des K-Flexgleises (siehe Gleisplan). Mit einer Miniflex lässt es sich problemlos auf die benötigte Länge zuschneiden. Unter Umständen kann bei dieser Arbeit aber im wahrsten Sinne des Wortes etwas ins Auge gehen, da die kleinen Trennscheiben leicht brechen. Schutzbrille tragen ist daher ein Muss.

Zum Schutz vor eventuell herumfliegenden Trennscheiben und als Garant für gerade Schnittkanten dient eine einfache, selbst gebastelte Einspann-Vorrichtung aus Holz - ein Aufwand, der sich lohnt. Nach dem Schneiden gilt es, sämtliche Grate von den Schienen zu entfernen. Die Schnittstelle des unteren Metallgitters, das den Mittelleiter darstellt und somit auch Spannung führt, ist besonders gründlich zu kontrollieren. Winzige, herabhängende Schienenreste können hier unter Umständen einen Kontakt herstellen und so am eingebauten

Mit dieser speziellen Vorrichtung lassen sich Flexgleise sauber ablängen. Bitte beim Umgang mit den Trennscheiben vorsichtig arbeiten!

Auf den Bettungen von NOCH werden die Flexgleise aufgeklebt.

Gleis einen Kurzschluss verursachen, der später auf der Anlage nur schwer zu lokalisieren ist. Im Zweifelsfall gibt ein Universalmessgerät Gewissheit über den ordnungsgemäßen Zustand des Gleises. K-Gleise, die im sichtbaren Bereich liegen, müssen eingeschottert werden. Für ein vorbildgerechtes Aussehen benötigen sie einen Unterbau, den es bei verschiedenen Anbietern als Kork- oder Schaumstoffböschung gibt. Auf der Epoche-III-Anlage kam das Schaumstoffprodukt von Woodland/NOCH zum Einsatz. Es besteht aus zwei Hälften, die entlang der angezeichneten Mittellinie auf dem Trassenbrett verlegt und mit Kontakt- oder Haftkleber befestigt werden.

Wer das C-Gleis verwendet, muss die Weichen noch mit Antrieben und, wenn gewünscht, auch mit Beleuchtungssätzen ausrüsten. Um im Störungsfall noch an die Antriebe heranzukommen, versieht man das Trassenbrett mit ausreichend großen Öffnungen. Zu diesem Zweck werden die

Oben, Mitte und unten: *Mit einer Stichsäge werden die Ausschnitte für den Einbau der C-Gleisweichen geschaffen. Für die späteren Geländearbeiten sind schräge Kanten nützlich. Hier lässt sich das Alugitter später besser antackern. Zudem ist der Übergang von dieser Ebene auf die weiten Hänge und Felspartien harmonischer.*

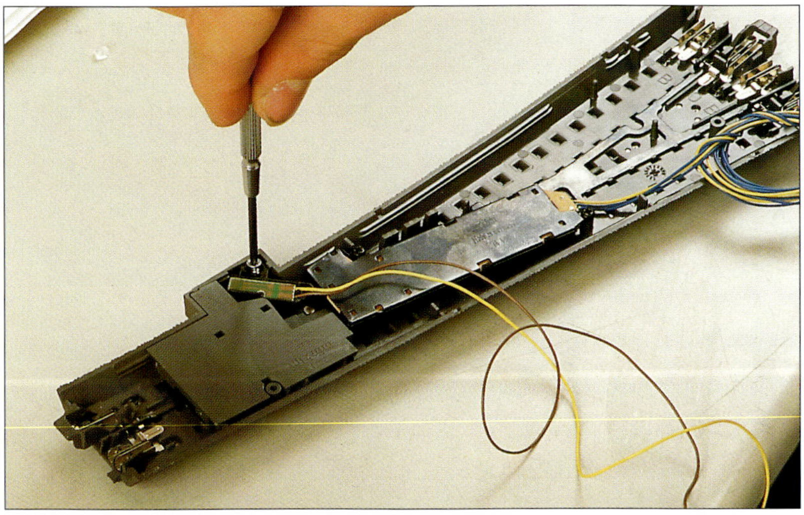

Oben und rechts: *Die C-Gleisweichen werden mit dem Antrieb und den zierlichen Laternen bestückt.*

Einschottern ist eine kurzweilige Tätigkeit, die nach einer gewissen Zeit sogar richtig Spaß machen kann. Wir haben einen besonders vorbildgerechten Schotter aus Österreich besorgt. Er wird zunächst mit einem kleinen Fläschchen auf die Gleise gestreut. Anschließend kann man ihn mit einem Pinsel zwischen die Schwellen drücken.

Umrisse der Weiche zuerst exakt auf die Trasse gezeichnet und dann etwas innerhalb der Linie mit einer Stichsäge ausgeschnitten.

Das Schottern

Nun ist es an der Zeit, die Gleise einzuschottern. Grundsätzlich sollten aber sowohl das K- als auch das C-Gleis nach dem Auslegen und Fixieren mit einer braun-schwarzen Schmutzfarbe eingenebelt werden. An den Weichen sollte dieser erste Farbauftrag sparsamer sein, um die Mechanik nicht zu verkleben.
Als äußerst vorbildgetreu hat sich der Modellschotter des MEC Wilder Kaiser erwiesen (Infos unter e-mail: mbc.wilder-kaiser@aon.at, Internet: http//members.aon.at/jo-home/mbcwk). Er wird in ein ausgedientes Kaffeesahnefläschchen gefüllt und in der Gleismitte aufgebracht. Mit einem weichen, breiten Pinsel lässt sich der Schotter gut verteilen. Damit sich alle Steinchen restlos zwischen den Schwellen verteilen, klopft man mit dem Pinselende auf die Schienen. Der Rütteleffekt übernimmt praktisch die Aufgabe der Stopfmaschine beim Vorbild.
Wenn der Schotter in der Gleismitte verteilt ist, wird er mit Wasser besprüht und einem Gemisch aus Leim, Fließverbesserer und Wasser verklebt. Die Klebeflüssigkeit kann am leichtesten mit einer kleinen Spritze dosiert werden.
Wenn die erste Schotterung durchgetrocknet ist, widmet man sich den Außenböschungen. Auf der zweigleisigen Paradestrecke wurden zuerst die beiden Außenböschungen nach derselben Methode wie bei der Gleismitte eingeschottert und mit Kleber behandelt. Erst im nächsten Schritt erfolgt das Einschottern der Innenböschungen. Die Furche zwischen beiden Gleisen kann mit dem Pinselende gezogen werden. Liegt nur ein Gleis, werden beide Böschungsseiten gleichzeitig mit Schotter versehen.
Zum Schluss prüft man kritischen Blickes, ob nicht hier und da noch nachgebessert werden muss. Stellt sich Zufriedenheit ein, können nach einer ausreichenden Trocknungszeit die Farbarbeiten beginnen. Mit einer Airbrushpistole erhält der gesamte

Mit dem Pinselende wird die typische Schotterfurche zwischen den beiden Gleisen erzeugt.

Gleiskörper einen leichten Schleier aus stark wasserverdünnter Schmutzfarbe. Vorbildgetreu wirken frisch ausgebesserte Abschnitte. Daher sollte an einigen Stellen nachträglich noch ein wenig nachgeschottert werden.

Farbbehandlung der Gleise

Eisenbahnschienen sehen nicht überall gleich und schon gar nicht blitzblank aus. Auf wenig genutzten Nebenbahngleisen dominieren Rost und Unkraut das Erscheinungsbild. Viel befahrene Gleise sind auf der Schienenoberfläche, aber nur dort, ziemlich blank poliert. Dafür sind Schwellen und Böschung an Gefällestrecken mit feinem Bremsstaub überzogen.
In jedem Fall kommt eine Farbbehandlung dem optischen Eindruck des Gleiskörpers zugute. Bremsstaub lässt sich mit Dispersionsfarbe und Airbrushpistole oder mit Pulverfarben imitieren.
Dann geht es an die Feinarbeit. Unter Zuhilfenahme eines Pinsels mit der Größenangabe 0 werden zunächst die Innen- und Außenseiten der Schienen sorgfältig bemalt. Geeignete Acrylfarben finden sich beispielsweise im Lukas-Sortiment. Es sollte ein rötlicher Braunton gewählt werden. Ist die Acrylfarbe vollständig trocken, greift man zu einem Gummikissen, das unter der Bezeichnung Schienenreiniger im Fachhandel erhältlich ist. Nun wird die Oberseite der Schienen gründlich gesäubert, damit keine Farbe oder sonstige Verunreinigung das Fortkommen der Lokomotiven beeinträchtigen kann.

Durch leichtes Klopfen auf den Schienenprofilen werden die feinen Schotterkörner von den Schwellen in die Zwischenräume gerüttelt. Dann erfolgt das Benetzen mit Wasser, ehe es an das Verkleben mit einer Weißleim-Wasser-Mischung geht. Ein paar Tropfen Spülmittel oder Fließverbesserer von Asoa sollten der Kleberlösung beigemischt werden.

Mit Acrylfarben von Lukas werden die Schienen und Kleineisen angemalt.

Oben und rechts: *Reedkontakt und unter der Lok montierter Magnet.*

Anlöten der Rückmeldekontakte am K-Gleis.

Kunststoffisolierungsteile für das K-Gleis.

Elektrische Trennstellen

Parallel zur Gleisverlegung erfolgt das Herstellen der elektrischen Anschlüsse und Trennstellen, die für die Rückmeldekontakte (RMK) des Interface benötigt werden. Wer die Anlage mit dem Memory steuert, muss für entsprechende Trennstellen im Mittelleiter sorgen, so zum Beispiel für den Halteabschnitt vor einem Signal. Soll das Signalmodul zum Einsatz kommen, werden pro Halteabschnitt drei Trennstrecken eingerichtet, deren Mittelleiter gewissenhaft voneinander isoliert sind. Wer eine halb- oder vollautomatische Steuerung beispielsweise der Bahnhöfe anstrebt, benötigt auch Rückmelder für das Memory. Hierbei handelt es sich entweder um Schaltgleise, die sich auch für richtungsabhängige Abläufe einsetzen lassen, oder um Reedkontakte.

Für die Steuerung via Computer genügt es, die beiden Außenschienen elektrisch voneinander zu trennen und dann eine der Schienen in Rückmeldestrecken aufzuteilen. Die Schienen des K-Gleises sind von Haus aus elektrisch getrennt. Eine Ausnahme bilden Weichen mit einem Abzweigwinkel von 22°, Bogenweichen und Kreuzungsweichen. Entweder isoliert man diese Weichen vom Rest der Gleise oder man durchtrennt vorsichtig die beiden Metalllaschen, die neben den Drehpunkten der Weichenzungen zu sehen sind.

Die Rückmeldestrecken selbst lassen sich sehr einfach herstellen. An dem betreffenden Schienenstück wird der Schienenverbinder entfernt und durch einen Isolierverbinder ersetzt, der von verschiedenen Herstellern angeboten wird. Beim C-Gleis ist die Sache etwas komplizierter. Hier sorgen zwei Blechbrücken auf der Unterseite des Gleises für die Verbindung der Schienen. Diese müssen mit einem Seitenschneider oder der Miniflex durchtrennt werden. Hier ist auf größte Sorgfalt zu achten, da der Mittelleiter in unmittelbarer Nähe sitzt. Wer hier „rumwurschtelt“, riskiert einen Kurzschluss zwischen Masse und Mittelleiter. Um auf Nummer sicher zu gehen, sollte man danach mit einem Universalmessgerät am Gleisstück prüfen, ob die Trennung der beiden Schienen und des Mittelleiters geklappt hat. Das kann zwar je nach Anzahl der verwendeten Gleise Zeit

kosten, spart aber möglicherweise die noch zeitaufwändigere Fehlersuche im bereits verlegten Gleis.
Beim C-Gleis müssen die Weichen von der Rückmeldung ausgenommen werden. Es gibt zwar Möglichkeiten zur Trennung der Schienen. Sie sind aber extrem aufwändig. Einfach ist dagegen das Einrichten der Trennstellen im Mittelleiter. Für das K-Gleis hält Märklin entsprechende Kunststoffisolierstücke bereit. Für das C-Gleis sind kleine Kunststoffhütchen erhältlich, die über die entsprechende Kontaktlasche des Gleises geschoben werden. Nicht vergessen werden dürfen die Trennstellen für die einzelnen Stromkreise, die von Boostern versorgt werden. Hier muss der Mittelleiter an der vorgesehenen Stelle unterbrochen werden. Haben die Stromkreise Verbindung, werden möglicherweise die Booster beschädigt. Auch im weiteren Verlauf der Arbeiten muss diese Trennung strikt eingehalten werden.

Elektrische Anschlüsse und Einspeisungen

Wo so viel getrennt wird, muss auch wieder etwas hinzugefügt werden. Für den Mittelleiter (rotes Kabel) sollte in regelmäßigen Abständen (etwa 2 m) und natürlich in jedem Halteabschnitt eine Einspeisung vorgesehen sein. Das Gleiche gilt für die Masse (braunes Kabel). Für die RMK kommen graue oder grüne Kabel zum Einsatz. Bei größeren Anlagen lohnt sich der Einkauf en gros. Pro Kabel sind dann 100 m auf der Rolle durchaus nicht zu viel.
Die Kabel werden mit Verbindern, die im Märklin-Sortiment zu finden sind, an den Schienen befestigt oder einfach an betreffender Stelle angelötet. Beim K-Gleis lässt sich jedoch wegen der speziellen Materialbeschaffenheit der Schienen nichts anlöten. Hier muss man die Kabel an den jeweiligen Schienenverbindern anbringen. Unbedingt notwendig ist die Beschriftung der Kabel. Denn auch bei mittelgroßen Anlagen kommt bald eine stattliche Anzahl zusammen, bei der man ohne Merkhilfen den Überblick verliert. Die Kabel der RMK erhalten die ihnen zugedachten Kontaktnummern gemäß dem Belegungsplan. Mit

Verbindungskabel zwischen den einzelnen Teilen der Anlage. D steht für die Decoder und A für die Ebene A der Anlage.

Die Funktion der Rückmeldekontakte wird überprüft.

dem Messgerät oder einer Glühlampe plus Wagen erfolgt außerdem die Kontrolle der eingerichteten RMK. Die Prüfkabel des Messgeräts werden für eine Durchgangskontrolle an je eine der Schienen gehalten. Rollt der Wagen dann in den betreffenden Abschnitt, sollte das auf dem Gerät ablesbar sein. Ist die Glühlampe das Testgerät, muss sie mit einem Pol am Mittelleiter angeschlossen sein. Der andere wird an das Rückmeldegleisstück gehalten. Rollt jetzt ein Wagen auf das Gleis, leuchtet die Glühlampe, da die Achsen des Fahrzeugs einen Kontakt zur Masseschiene herstellen. Rührt sich nichts, heißt es die betreffenden Anschlüsse gründlich überprüfen. Handelt es sich um einen unerwünschten Dauerkontakt, sind meist vergessene Isolier- und Trennstellen, metallische Gegenstände oder Verunreinigungen an der Verbindung der beiden Schienen schuld. Um gegen Überraschungen gewappnet zu

Probefahrten mit einem langen Personenzugwagen.

sein, sollte man auf den neu eingerichteten Strecken natürlich auch probefahren. Dabei lassen sich zum einen die elektrischen Funktionen prüfen, zum anderen kann kontrolliert werden, ob die Züge auch durch die Ausschnitte in den Spanten passen. Hierfür kann der elektrische Anschluss zunächst provisorisch erfolgen. Mit einem Trafo und einem Kabel wird an der betreffenden Stelle die Verbindung zu den Anschlusskabeln der Gleise hergestellt. Anschließend kommt das längste Fahrzeug aus dem Modellfuhrpark auf die Strecke. Wenn sich herausstellt, dass an den Spanten nachgearbeitet werden muss, deckt man die geklebten Schienen vor dem Aussägen ab, damit keine Späne im Gleis hängen bleibt. Bereiche, die mit der Stichsäge nicht mehr erreichbar sind, können auch mit einer kleinen Handsäge oder der Miniflex korrigiert werden. Sobald dann der Staubsauger Späne und Schmutz beseitigt hat, steht ein erneuter Test an.

Elektrik und Steuerung

Sind die Probefahrten erfolgreich verlaufen, folgt das Zusammenstellen der Anlagenmodule. Die Verschraubung geschieht mittels Schlossschrauben und Flügelmuttern. Diese sollten möglichst weit oben und unten sitzen. So lassen sich die Anlagenteile ohne störende Spalten zusammenziehen. Da die Module noch auszurichten sind, werden die Schrauben nur leicht angezogen. Mit einer Wasserwaage kontrolliert man die richtige Aufstellung der Kästen. Wenn die Kastenfüße, wie im Fall der Epoche-III-Anlage, keine Höhenverstellung besitzen, lässt auch eine erweiterte Schraubenbohrung kleinere Korrekturen zu. Die Beine können um ein paar Millimeter herauf bzw. herunter bewegt werden. Bei größeren Höhenabweichungen sind gegebenenfalls neue Bohrungen anzufertigen.

Der nächste Arbeitsschritt ist der Stromversorgung und Steuerung gewidmet. Im jetzigen Zustand lassen sich die benötigten Elemente der Anlagenelektrik leicht montieren. Eine Landschaftsschale würde diese Arbeiten unnötig behindern. Zunächst wird ein möglichst zentraler Platz für die erforderlichen Geräte gesucht. Sie werden auf einem stabilen Brett montiert. Abhängig von der Anlagengröße und Steuerungsart kann hier einiges zusammenkommen. Bei der Memorysteuerung sind die Einheiten CU, Memory, Keyboard und Control 80 f einzurechnen. Die Anzahl der Keyboards lässt sich anhand der geplanten Magnetartikel ermitteln. Ein Stück empfiehlt sich als Reserve. Die Computersteuerung benötigt eine CU, ein Interface und,

***Oben:** Mit Schrauben und Muttern werden die Module verbunden. Alle elektrischen Leitungen sind steckbar ausgeführt.*

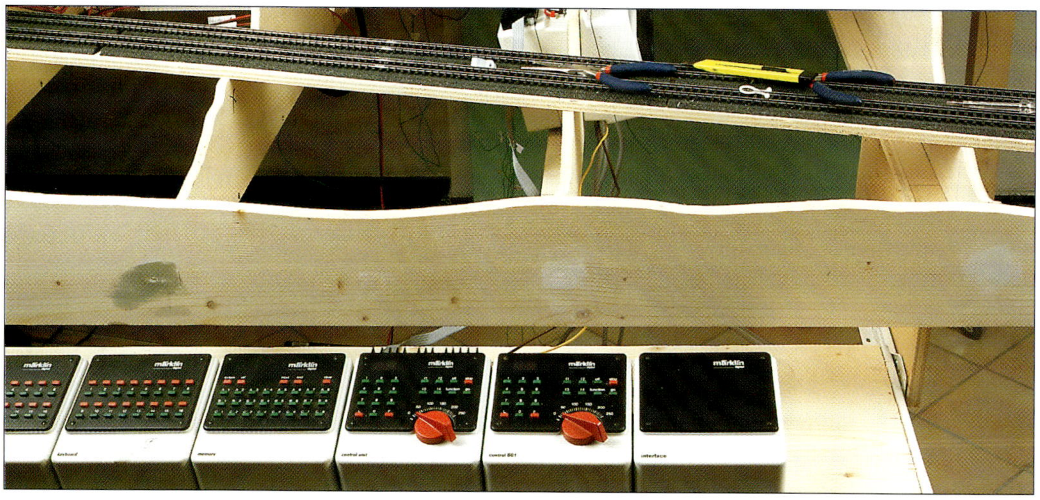

***Rechts:** Die für das Schalten und Fahren notwendigen Digital-Geräte sind vor der Anlage angeordnet.*

je nach verwendetem Steuerprogramm, ein Keyboard, mit dem die Abläufe programmiert werden. Hinzu kommt der Platzbedarf für den PC und insbesondere den Monitor. Die Trafos sollte man auch nicht vergessen, sie müssen allerdings nicht unbedingt auf dem Steuerungspult stehen. Das Brett wird mit handelsüblichen Schubladenauszügen an der gewünschten Stelle angebracht. Am Anlagenrahmen darüber oder an den Spanten können die Trafos montiert werden sowie die Booster, deren Einsatz bei größeren Anlagen notwendig ist. Letztere weisen keine Bedienelemente auf und können daher auch an schlecht zugänglichen Stellen Platz finden. Es ist strengstens darauf zu achten, dass die Geräte beim Zusammenstecken stromlos sein müssen. Eine geschickte Lösung bietet der Einsatz einer Mehrfachsteckdose mit Schalter, der alle Trafos zusammen an- oder ausschaltet. Für die Ebenen A, B, und C ist je ein Booster zuständig, die Versorgung der Digitaldecoder für die Magnetartikel übernimmt auf der Epoche-III-Anlage ausschließlich die CU. Dadurch ist von vornherein für klare Verhältnisse gesorgt.

Die richtige Kabelstärke

Das Hauptstromkabel verläuft durch die Spanten hindurch, die mit entsprechend großen Bohrungen versehen sind. Es wurde etwa im Abstand von 15 cm auf zwei Höhen verlegt. Die untere Leitung versorgt die Ebene A und die Decoder, die obere Stromleitung ist für die Ebenen B und C zuständig. Durch die Aufteilung ist der Kabelstrang nicht allzu dick ausgefallen.

Trennstelle für die Rückmeldung am Übergang zwischen dem K- und dem C-Gleis.

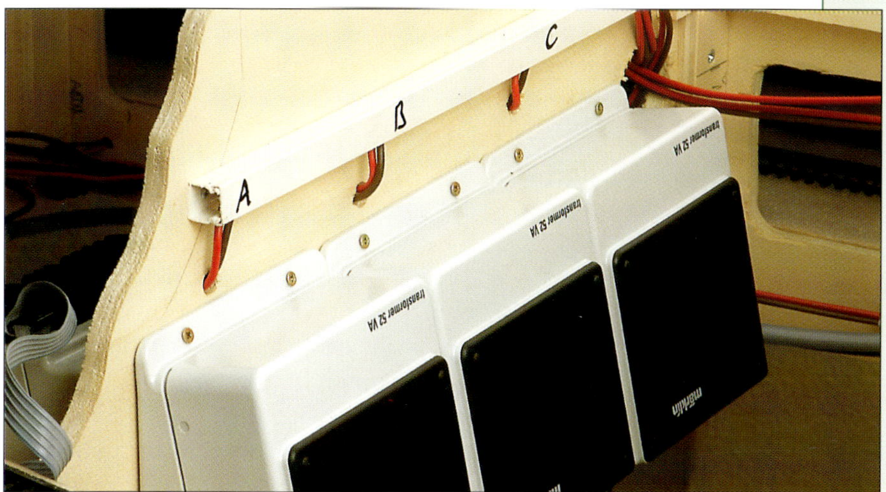

Stromversorgung durch drei Transformer, getrennt nach den Ebenen A, B und C.

Das Hauptstromkabel führt quer durch die gesamte Anlage hindurch.

Stromeinspeisung beim C-Gleis.

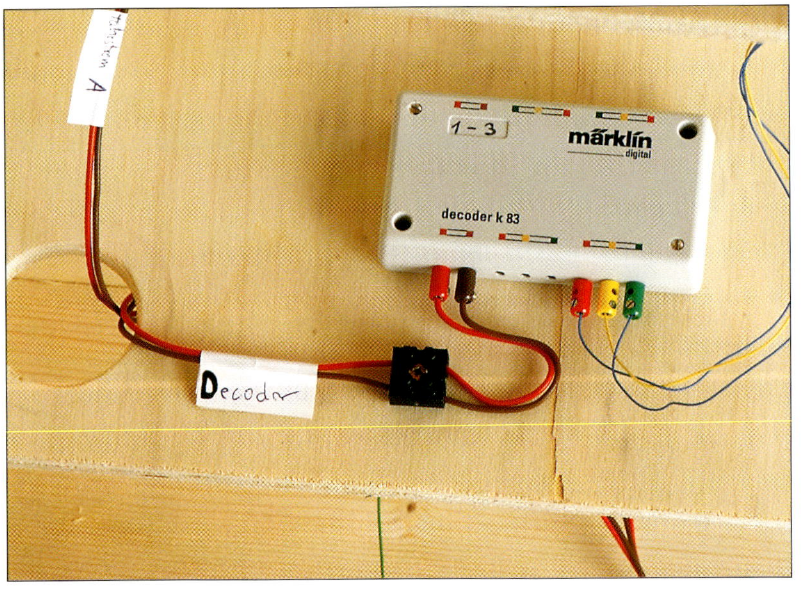

Eingebauter und angeschlossener Decoder k 83.

Diese Vorgehensweise wird über die Module hinweg auf gleicher Höhe beibehalten. Die Trennstellen lassen sich mit verdrehsicheren Steckern und entsprechenden Buchsen aus dem Elektronikhandel schaffen. Gut beraten ist, wer sich bei den Kabelfarben stets an ein System hält, das für Übersichtlichkeit sorgt. Bei Märklin werden beispielsweise zur Stromversorgung von Gleisen und Decodern immer braune und rote Kabel verwendet.
Das Hauptstromkabel selbst dürfte manchem Modellbauer mit 1,5 mm² sehr üppig erscheinen. Allerdings hat die Erfahrung gelehrt, dass hier ein Zuviel nicht schadet, ein Zuwenig hingegen schon, da es bei zu kleinem Kabeldurchschnitt zu Spannungsverlusten kommen kann. Dabei können die sehr empfindlichen Magnetartikeldecoder mit einer Funktionsstörung reagieren.

Kabelhalter und Lüsterklemmen

Bei den Verlegearbeiten wird folgendermaßen vorgegangen. Unabhängig von den Verbrauchsstellen zieht man das Kabel mit Überlänge zuerst einmal komplett durch die Module hindurch. Für die Befestigung gibt es verschiedene Möglichkeiten. Wichtig ist jedoch, dass sich die Haltevorrichtungen wieder öffnen lassen, damit noch etwaige Ergänzungen oder Änderungen ausgeführt werden können. Ein schnelles Vorankommen garantieren Kabelhalter, die mit einer Klebefolie versehen, einfach an der betreffenden Stelle festgemacht werden. Eine Alternative sind ans Holz getackerte Kabelbinder. Diese sind in verschiedenen Farben erhältlich und sorgen somit zusätzlich für Übersichtlichkeit. Davon abgesehen gibt es noch spezielle Tackernadeln für das Fixieren von Kabeln. Die Leitungen sollten gleich von Anfang an beschriftet werden: A, B usw. Wie weiter oben schon erwähnt, muss auf die strikte Trennung der Booster-Stromkreise geachtet werden, um eine Beschädigung dieser Geräte auszuschließen. Die Verteiler oder Abzweige an den Verbrauchern lassen sich mit der guten alten Lüsterklemme herstellen. Das geht schnell und hält gut. Die Kabelenden sollten jedoch verlötet oder mit Aderendhülsen versehen werden. Wird darauf verzichtet, besteht die Gefahr, dass die Schraube der Lüsterklemme die Kabelfasern durchtrennt. Die Kabel der Gleisstromversorgung werden zu den Klemmen hingeführt. Hiervon ausgenommen sind die Halteabschnitte, da sie extra versorgt werden. Auch diese Verteilerstellen erhalten einen Aufkleber mit einer entsprechenden Beschriftung, beispielsweise Verteiler A. Danach erfolgt die Verteilung der Decoder. Sie sollten möglichst zentriert angeordnet sein, um nicht zu viele Kabel von Weichen, Signalen oder anderen Magnetartikeln verlängern zu müssen. Noch vor dem Einbau werden die Decoder adressiert und beschriftet. Bei entsprechend großzügig dimensionierten Kabeln und sorgfältiger Arbeit erübrigt sich das Anlegen einer Ringleitung. Die Halteabschnitte können mit dem Decoder k 84 angesteuert werden. Signalmodule werden an der vorgesehenen Stelle eingebaut und an den Magnetartikeldecoder k 83 angeschlossen. Ein weiteres Gerät, das unter der Anlage Platz findet, ist das Märklin-Rückmeldemodul s 88. Es wandelt die Impulse, die von den RMK oder den Reedkontakten der Anlage kommen, in Signale für das Memory oder den Computer um. Die Rückmeldemodule werden in einer Kette aneinandergehängt. Aus dieser Anordnung ergibt sich auch die Nummer des jeweiligen Moduls, die gleich auf dem Gehäuse und dem Belegungsplan zu vermerken ist. Bei teilbaren Anlagen sollten die Rückmeldemodule auch im jeweiligen Anlagenteil untergebracht sein. Die Elektronik der

Rückmeldung ist äußerst empfindlich. Ein Unterbrechen der Kontaktkabel zum Beispiel durch Steckverbindungen ist unbedingt zu vermeiden. Gleiches gilt für die Buskabel, welche die Rückmelder s 88 sowohl untereinander als auch mit der Anlagensteuerung verbinden. Die dem s 88 beiliegenden Buskabel reichen bei größeren Anlagen oftmals nicht aus. Für solche Fälle ist bei Märklin ein Verlängerungskabel erhältlich. Beherzigen sollte man auch die Regel, dass Leitungen, die Spannung führen, nicht auf oder unter dem Buskabel der s 88 verlegt werden. Bei Missachtung können Störungen oder Fehlmeldungen die Folge sein. Es schadet auch keinesfalls, wenn zu den Kabeln der Rückmeldekontakte ebenfalls ein wenig Abstand eingehalten wird. Wenn möglich, sollte man den Verlauf von Stromkabel und Rückmeldeleitung auf verschiedene Anlagenteile konzentrieren.

Als Nächstes kommen die Weichenantriebe an die Reihe. Vor dem Einbau sollten sie auf ihre Funktion getestet werden. Für den Fall, dass später etwas ausgewechselt oder repariert werden muss, kann man die Verlängerungen zu den Magnetartikeln mit Miniatursteckern versehen. Nach diesen Maßnahmen wird mittels Keyboard geprüft, ob der Magnetartikel richtig arbeitet. Einhalten sollte man die Farbnorm, nach der Rot bei den Weichen Abzweig bedeutet, Grün dagegen Geradeausfahrt. Nur so lassen sich später gemäß dem Gleisplan Fahrstraßen per Memory oder Computer erstellen.

Es lässt sich kaum vermeiden, dass Kabel, beispielsweise für die Schaltgleise oder die Reedkontakte, über mehrere Module hinweg verlegt werden müssen. Um eine hundertprozentige Impulsübertragung zu gewährleisten, sollten mindestens 25-polige Sub-D-Stecker verwendet werden, wie sie zum Beispiel von der Firma Conrad angeboten werden. Dazu passend gibt es Kabel, die mit einer entsprechenden Anzahl von Einzelkabeln versehen sind. Durch die verschiedenfarbigen Anschlüsse lassen sich die angeschlossenen Artikel leicht lokalisieren. Empfehlenswert ist die Erstellung eines Belegungsplans, in dem ein Magnetartikel, beispielsweise ein Schaltgleis, samt den dazugehörigen Farben aufgeführt ist. ▲

Der Belegungsplan sollte sehr ordentlich immer auf den aktuellsten Stand gebracht werden.

Oben: *Anschluss eines Flexgleises.* ***Links:*** *Das Rückmeldemodul s 88 ist schon mit zahlreichen Kontaktgebern verbunden.* ***Unten:*** *Zentrale Energieversorgung mit Boostern und Transformern.*

***Oben:** Eine vorbildgerecht montierte Fahrleitung ist ein optischer Gewinn. Die Kombination aus Masten von Märklin und Fahrdrähten von Sommerfeldt ergibt ein überzeugendes Ergebnis.*
***Unten links und rechts:** Auf einem seitlich an den Trassenbrettern angebrachten Unterbau wird der Mast mit dem Sockel angeschraubt.*

Fahrleitung – Masten setzen

Auf der Epoche-III-Anlage wurde eine Fahrleitung in Gemischtbauweise installiert. Sie setzt sich aus Märklin-Masten und Sommerfeldt-Fahrdrähten zusammen. Am Ende erwies sich diese Variante als verhältnismäßig preisgünstig. Zudem war sie einfach aufzubauen.

Zuerst werden die Märklin-Masten lackiert. Die Grundfarbe ist mittelgrün, die Isolatoren erhalten einen braunroten Anstrich. Um die Masten von unten festschrauben zu können, klebt man sie mit Sekundenkleber auf einen etwa 15 mm x 10 mm großen Holzsockel. Für die Sockel werden kleine Holzplatten als Fundamente am Trassenbrett befestigt. Um höheren optischen Ansprüchen gerecht zu werden, sollte die maximale Fahrdrahtlänge verwendet werden. Vor allem bei entsprechenden Fotoarbeiten ist ein enger Mast-zu-Mast-Abstand sehr unvorteilhaft. Denn die Züge sind dann vor lauter Masten und Drähten kaum mehr richtig zu erkennen. Die längsten erhältlichen Drähte für gerade Strecken messen 50 cm. In den Bögen muss die Länge dann aber jeweils ermittelt werden. Die einfachste Methode besteht darin, ab dem letzten Masten eine gerade Holzleiste auf das Gleis zu legen und am Mittelleiter auszurichten. Dann markiert man den Punkt in der Gleismitte, ab dem die Leiste über die bogeninnere Schiene hinausgehen würde. Die Distanz zwischen diesem Punkt und dem letzten Mast ergibt die gesuchte Fahrdrahtlänge. Der Abstand zwischen der Bohrung im Fundament für den Sockel

und der äußeren Schiene beträgt 30 mm. Nach den Vorarbeiten kann die Landschaftsgestaltung weitergeführt werden, ohne von Fahrdrähten behindert zu werden. Danach werden die Fahrleitungsmasten fest verschraubt. Falls ein Ausrichten der Masten nötig ist, kann dies mittels dünner Holz- oder Plastikstreifen geschehen, die unter die Sockel gelegt werden.

Spannen des Fahrdrahts

Im Gegensatz zum Märklin-System muss der Sommerfeldt-Fahrdraht gespannt werden. Das Anbringen des Spannwerks am

Oben links: Die Masten sind aufgestellt. Sie werden für die folgenden Geländearbeiten wieder entfernt. Die Bohrungen stellen sicher, dass alle ihren Platz wieder finden werden.

Oben rechts: Mit dieser einfachen Hilfskonstruktion wird der Fahrdraht montiert.

Links: An den Auslegern werden die Enden der Fahrdrähte und des Tragseils verlötet.

Oben und rechts: *Gleich hinter dem Tunnelportal werden zwei Konstruktionen für die Fahrleitung eingerichtet. Zum einen müssen Fahrdraht und Tragseil abgespannt werden und zum anderen müssen die am Fahrdraht anliegenden Bügel der Loks sanft nach oben geführt bzw. nach unten gedrückt werden (siehe Skizze unten).*

Kunststoffmast von Märklin ist allerdings nicht so ohne weiteres möglich. Deshalb empfiehlt sich eine Spannvorrichtung im nicht einsehbaren Bereich, wie z. Bsp. einem Tunnel. Die Fahrleitung wird durch die Tunnelröhre hindurch geführt und an einer geeigneten Stelle (Rahmenwand oder Spant) mit kleinen Federn und Messingdraht abgespannt. Dabei sollten das Tragseil und der Fahrdraht einzeln gespannt werden. Im gegenüberliegenden Tunnel wird die Fahrleitung dagegen ohne Abspannung fixiert.

Fahrleitungsmontage

Die 0,5 mm dicken Fahrdrähte von Sommerfeldt sind an den Enden offen und müssen für die Montage an den Mast angepasst werden. Zu diesem Zweck wird der eine Draht an den Tragseilösen des Mastes eingehängt und der Fahrdraht am Ausleger umgebogen. Danach nimmt man die beiden Drähte wieder ab. Nun werden an den Fahrdrahtenden durch Biegen und Löten Schlaufen angefertigt. Danach kann die Fahrleitung eingehängt werden. Die Tragseile werden nicht umgebogen, sondern jeweils miteinander verlötet. Es hilft bei der Montage, wenn bereits eingehängte Fahrleitungsteile gespannt sind. Hierfür wurde in einiger Entfernung am Anlagenrand eine Holzleiste befestigt. Von hier aus lässt sich mit einem dünnen Kabel, das am betreffenden Mast eingehängt wird, die Spannung herstellen. Sobald der gegenüberliegende Befestigungspunkt erreicht wird, ist die Montage der Fahrleitung abgeschlossen. Wenn die Spannung nicht aus-

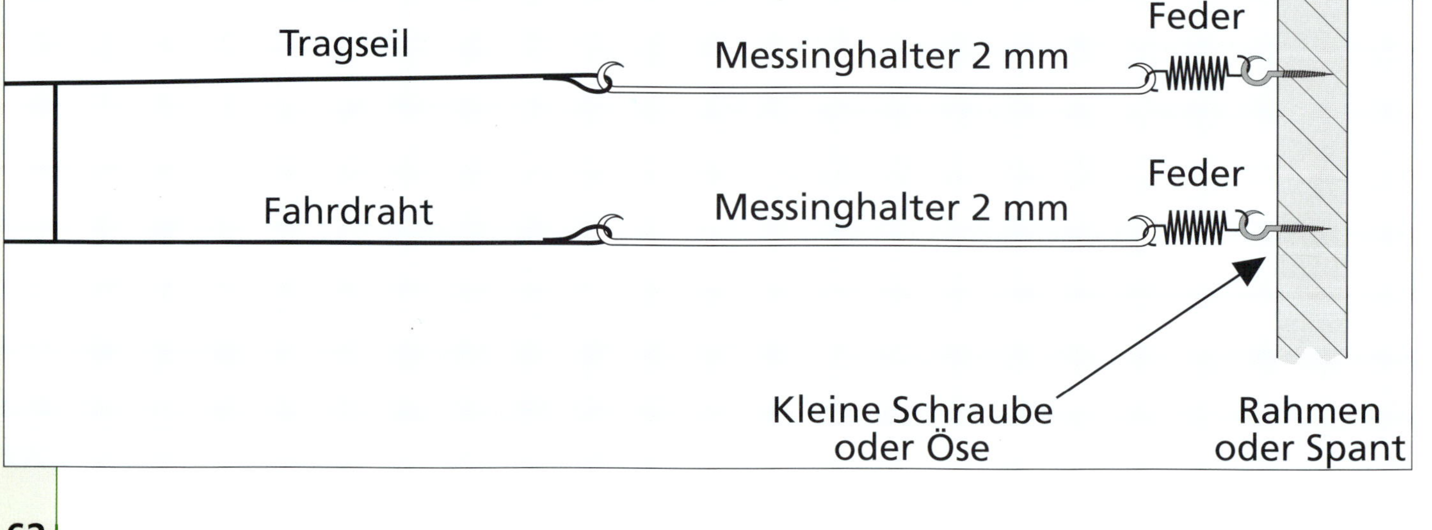

reicht, kann man sie durch Verkürzen des Messinghalters erhöhen.
Zum Abschluss erhalten die Fahrleitungsdrähte einen passenden Farbauftrag. Dies geschieht mit einer Airbrushpistole oder einem Pinsel sowie mittelgrauer Farbe.

Führung der Stromabnehmer in verdeckten Bereichen

In Tunnels und anderen verdeckten Bereichen ist die Fahrleitung nicht nötig. Sie dient dem optischen Eindruck und muss nicht funktionstüchtig sein. Im Digitalbetrieb erhalten die Loks den Strom nicht über die Fahrleitung, er wird ihnen vielmehr über die Control Unit zugeteilt.
Zu Beginn einer Fahrleitungsstrecke müssen die Pantographen der E-Loks jedoch auf die richtige Höhe gebracht werden. Hierfür bieten sich Schienenstücke aus Neusilber, Messinglegierungen oder Messingdraht mit einer Stärke von 2 mm an. Die etwa 20 cm langen Stücke befestigt man mit kleinen Haltern aus Messingdraht beispielsweise an den Tunnelspanten über dem Gleis. Von der Fahrleitung bis zu diesem Befestigungspunkt bildet die Führungsschiene einen sich öffnenden Winkel. Nähert sich eine Elektrolok nun aus dem Berg der Fahrleitungsstrecke, wird ihr Stromabnehmer behutsam auf die Höhe der Fahrleitung abgesenkt. Diese Führung muss nicht bündig in den Fahrdraht übergehen. Es sollte lediglich beachtet werden, dass die Höhe der ausgefahrenen Pantographen von Lok zu Lok variieren kann. Daher wird man um ein Ausprobieren nicht herumkommen.

Oben: *Hinter jedem Tunnelportal finden sich diese selbst gebauten Einrichtungen zum Führen der Bügel. Denn wenn man schon eine Fahrleitung ordentlich verspannt, sollten die E-Loks auch mit „Bügel oben" fahren können.*

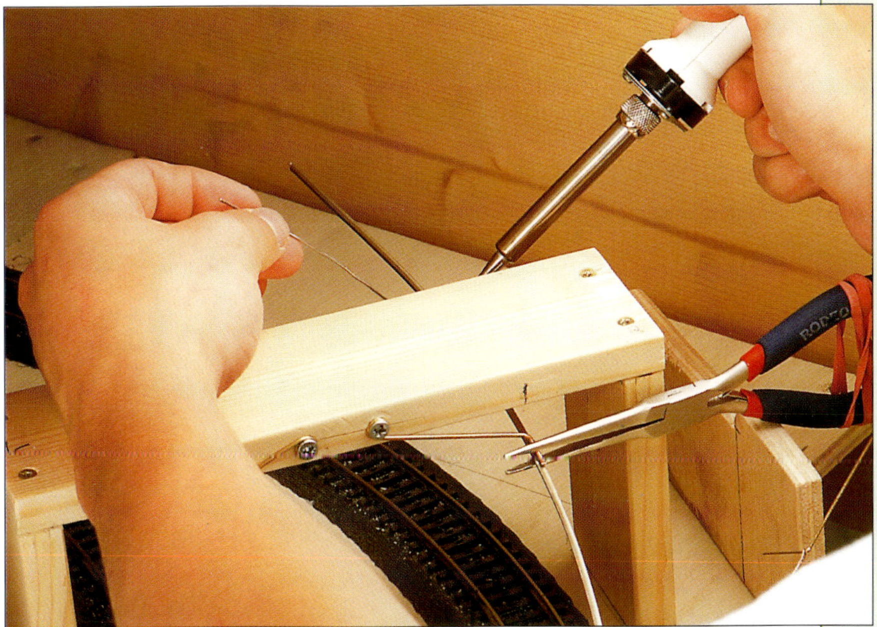

Oben: *Verlöten der aus Profilen hergestellten Bügelführung.*

Links: *Die Masten von Märklin harmonieren bestens mit der Fahrleitung von Sommerfeldt.*

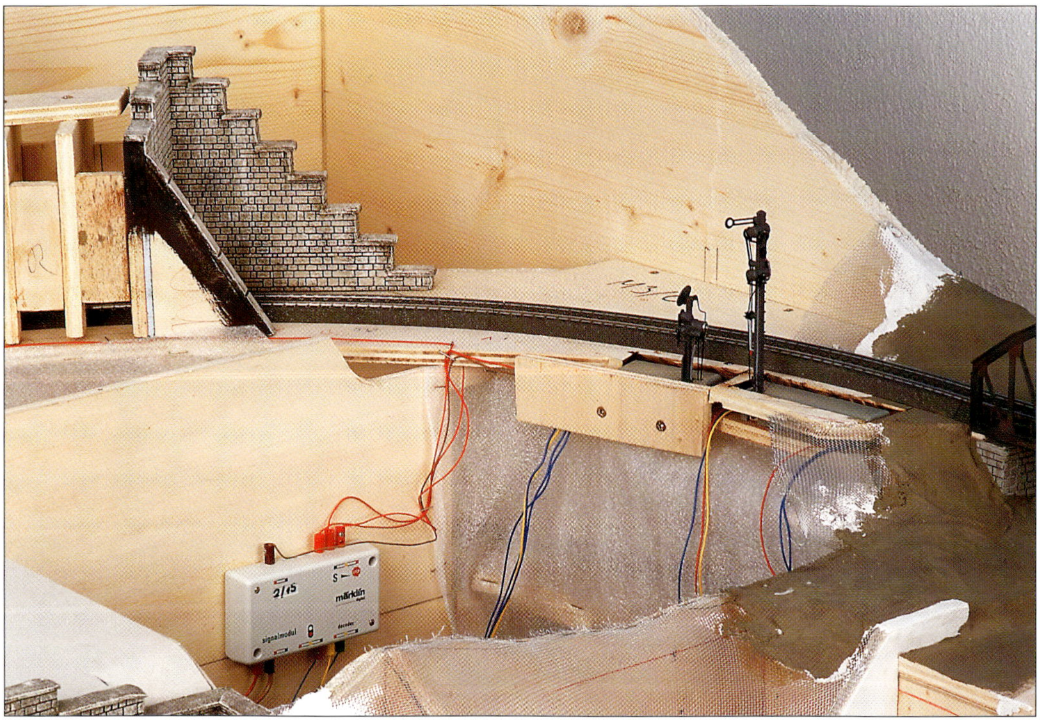

Das Einfahrsignal für den Bahnhof wurde gleich hinter dem Tunnel platziert. Das eingebaute Signalmodul sorgt dafür, dass die Züge, sollten sie keine Einfahrt erhalten haben, vorbildgerecht bereits im Tunnel bremsen und dann in langsamer Fahrt vor der Signalgruppe zum Halten kommen.

Mitte und rechts: *Die Antriebe der bewährten und sehr robusten Märklin-Signale sollten immer unterflur eingebaut werden. Die Magnetspulen in den grauen Kästen sind somit geschickt getarnt und zugleich geschützt.*

Signale – unterflur angetrieben

Es gibt mittlerweile eine große Auswahl an Signalen. Das Angebot reicht von Fertigprodukten bis zum filigranen Messingbausatz. Auf der Epoche-III-Anlage kommen die Formsignale von Märklin zum Einsatz. Sie verfügen über einen Magnetspulenantrieb und über Schalter zur Zugbeeinflussung. Der Antriebskasten lässt sich ohne weiteres unter der Anlagenplatte anbringen. Zu diesem Zweck wird mit der Stichsäge am vorgesehenen Standort ein entsprechend großer Ausschnitt gefertigt. Befinden sich bereits Gleise auf der Anlage, schützt man diese durch Holzplatten. Als Standfläche für den Signalantrieb dient eine kleine Holzplatte, die unter dem Ausschnitt befestigt wird. Damit der Antriebskasten bündig mit der Oberflächenkante abschließt, legt man Holz- oder Kunststoffplatten zum Ausgleichen unter. Ist der Antrieb an seinem Platz, wird er mit einem Klebeband fixiert, welches bemalt und mit Ausgestaltungsmaterialien kaschiert werden kann. Sollte eine Reparatur nötig werden, ist das auf diese Weise festgemachte Signal herausnehmbar.

Signalarten

Bei der Auswahl der Signale sollte man sich nach den Vorschriften richten, die bei der

großen Eisenbahn gelten. Ein- und Ausfahrsignale zeigen bei der Fahrt über den gebogenen Abzweig einer Weiche „Halt“ und „Fahrt mit beschränkter Geschwindigkeit“. Sie sind demnach zweibegriffig und besitzen gekoppelte Flügel.
Führt der Fahrweg auch über das gerade Gleis, können die Signale „Halt“, „Fahrt frei“ oder „Fahrt mit beschränkter Geschwindigkeit“ anordnen. Hier handelt es sich zwar ebenfalls um zweiflügelige Signale, jedoch mit ungekoppelten Flügeln, um alle drei Begriffe anzeigen zu können. Blocksignale zeigen entweder „Halt“ oder „Fahrt frei“. Sie sind einflügelig. Auch Vorsignale sind zwei- oder dreibegriffig erhältlich. Ihre Auswahl richtet sich nach den dazugehörigen Hauptsignalen.

Signale in Betrieb nehmen

Im Digitalbetrieb werden die Signale mit dem Magnetartikeldecoder k 83 angesteuert. Ein gelbes Kabel und ein braunes, das an der Metallgrundplatte des Signals angeschlossen wird, sorgen für die Beleuchtung. Nach dem Aufstellen sollte jedes Signal noch mit seinem Kennbuchstaben versehen werden. Er wird am unteren Ende der Mastblende angebracht. Kennbuchstaben findet man in diversen Sets, zum Beispiel von Auhagen. Im Sortiment sind auch betriebsrelevante Schilder enthalten, wie Vorsignalbaken, Rangierschilder oder Haltetafeln. An Blocksignalen sollte man außerdem einen Fernsprecher aufstellen, der von mehreren Herstellern als Bausatz angeboten wird. ▲

Signale von Weinert sind optisch eine Augenweide. Ihr Bau hingegen kann wirklich nur sehr ausdauernden und überaus geduldigen Modellbahnern angeraten werden. Deshalb wird auch nur ein einziges von diesen Teilen aufgestellt.

Mitte und unten: *Ohne Flügelsignale würde ein typisches Merkmal der Epoche III fehlen. Alle Signale haben vorbildgerecht kleine Buchstabentafeln erhalten. Damit sind sie im Stellwerk und bei der Befehlserteilung für die Eisenbahner eindeutig definiert.*

Zugbegegnung auf einer eleganten Steinbogenbrücke. Trotz zahlreicher, als Fertigmodelle oder Bausätze erhältlicher Brücken sind die Vorteile des Selbstbaus nicht von der Hand zu weisen.

Brücken und Tunnels: Hingucker aus Mauerwerk

Sorgfältig gestaltete Tunnelportale und Brücken sind absolute Blickfänger. Dies gilt insbesondere für Modelle, deren Vorbilder aus Mauerwerk bestehen. Ihren Einbau rechtfertigt allerdings nur eine entsprechende Geländestruktur. Andernfalls wirken sie nicht glaubwürdig.

Für die Epoche-III-Anlage entstanden zwei imposante Steinbrücken und vier Tunnelportale im Eigenbau. Nicht aus der Not heraus, weil es keine geeigneten Fertigprodukte gäbe. Im Gegenteil, die Auswahl ist riesengroß. Der Selbstbau lohnt allein schon deshalb, weil er Kurzweil bereitet. Ferner macht es auch stolz, wenn der eine oder andere Besucher nach dem Hersteller der Brücke fragt und die Antwort dann kurz und knapp „Eigenbau" lautet. Darüber hinaus ist die Anpassung an die Gegebenheiten der eigenen Anlage bei selbst gefertigten Bauten leichter möglich. Fotos vermitteln einen Eindruck davon, wie Brücken und Tunnels in der Realität aussehen. Bei Fragen zu Abmessungen und

Das Material für den Tunnel- und Brückenbau liegt bereit. Mit dabei sind einfache, selbst gefertigte Werkzeuge, mit denen z. Bsp. die Gehrungskanten in die Mauerplatten geschnitten werden können.

Auf einem 10 mm starken Pappelsperrholzbrett werden die Umrisse der Brücke mit Bleistift aufgezeichnet.

architektonischen Besonderheiten sollte man in einem der einschlägigen Fachbücher schmökern.
Die Fertigung und Gestaltung beider Arten von Kunstbauten ist im Prinzip sehr ähnlich. In beiden Fällen werden Mauerwerkkonstruktionen imitiert. Die Positionen der Brücken und Tunnelportale sollten im Gleisplan markiert sein.

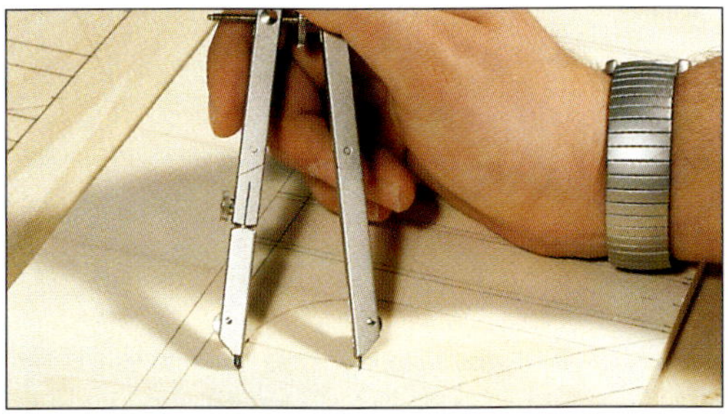

Der Zirkel ist ein wichtiges Hilfsmittel zum Anzeichnen der Bogenradien.

Skizzen und Schablonen

Erstes Arbeitsutensil ist der Skizzenblock. Beim Zeichnen des geplanten Portals beziehungsweise der Brückenbögen zeigt sich schon, welche Bauteile nötig sind. Außerdem sorgt die Skizze dafür, dass man nicht den Überblick verliert. Auf größtmög-

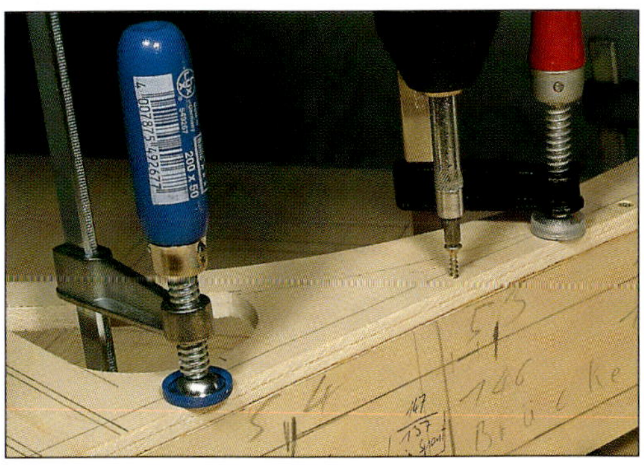

Mitte und unten: *Die ausgesägten und versäuberten Holzelemente werden verschraubt und verleimt. Mit Klemmen erfolgt die Fixierung bis zum Austrocknen des Holzleimes.*

Oben links: *Aufschrauben der Stützmauern.* **Oben rechts:** *Probeweise wurde das Tunnelportal eingefügt. Mit einem langen Schnellzugwagen wird das Lichtraumprofil überprüft.*

Rechts: *Einpassen, Einsetzen und Verkleben der Gewölbemauern. Sie bestehen aus Kartonteilen.*

Unten: *Versäubern des eingefügten Kartons.*

liche Exaktheit kommt es in dieser Phase noch nicht an. Bei der Ermittlung des Lichtraumprofils eines Tunnelportals geht es dagegen schon ins Detail. Liegt die Tunneleinfahrt auf einer Geraden, ist die Durchfahrtshöhe und -breite noch leicht herauszubekommen. Im Bogen stellt sich jedoch die Frage, ob auch das längste Fahrzeug beim Ausscheren noch Platz hat. Die Fachliteratur bietet hierzu Lösungen in Form von Tabellen mit entsprechenden Richtwerten an. Als Beispiel sei hier das Lexikon der Modelleisenbahn von Hosse genannt. Um letzte Klarheit zu erlangen, kann man sich auch ein Kartonmodell bauen und es auf der Modellbahn von verschiedenen Fahrzeugen passieren lassen. Als Nächstes stehen die Schablonen für die Portalausschnitte auf dem Programm. Auf festem Karton werden die ermittelten Maße aufgezeichnet. Zunächst zieht man von der Gleismitte ausgehend senkrecht zur Grundlinie eine Gerade, die leicht über die maximale Gewölbehöhe hinausgeht. Für den Freiraum kommen weitere senkrechte Linien hinzu, die sich aus den Abständen zur Gleismitte ergeben. Dann kommt die Linie der Durchfahrtshöhe hinzu. Sie bildet eine Parallele zur Grundlinie. Bei H0-Oberleitungsbetrieb sind etwa 9 cm anzusetzen, bei Dampf- oder Dieseltraktion zirka 1 cm weniger. Den Gewölbebogen kann man auf der Schablone freihändig ergänzen oder von einem der Musterbögen übernehmen, die bisweilen auf der Rückseite von Kartonmauerplatten zu finden sind. Die Form der Stützmauern mit ihren Gesimsen wird ebenfalls auf eine Schablone gezeichnet.

Wissenswertes für Brückenbauer

Grundsätzlich unterscheiden sich die Bauschritte der beiden Brücken nicht wesentlich von denen der Portale. Was hinzu kommt, sind die Fahrbahnunterlagen und natürlich die viel größeren Abmessungen der Hochbauten.
Liegt eine Brückenkonstruktion im Bogen, gilt es zudem, den längeren Außenradius zu berücksichtigen. Am leichtesten tut man sich dabei, wenn man die Brückenpfeiler auf dem Trassenbrett anzeichnet. Mittels Meterstab lassen sich dann die Maße abnehmen und auf die Seitenteile übertragen. Die Bögen der längeren Brückenseite werden etwas gestreckt. Dies gelingt, indem hier jeweils die Mittelpunkte zweier Bogenhälften um 1 bis 2 mm auseinandergezogen werden. Auf dem Zeichenkarton setzt sich ein solcher Bogenausschnitt aus zwei Viertelkreis-Scheiben zusammen, zwischen denen ein kleiner, senkrechter Spalt freigehalten wird.
Für die Gewölbeblenden aus Styrodur fertigt man Kartonschablonen an, auf denen die Fugenritzen bereits markiert werden. Dieselben Schablonen dienen dazu, das überschüssige Mauermaterial aus der Seitenverkleidung herauszuschneiden, damit die Blenden nicht auf der Mauerplatte zu liegen kommen, sondern innerhalb der Aussparung. Andernfalls würden sie zu weit hervorragen. Nebenbei garantiert diese Methode auch einen akkuraten Sitz der Zierleiste.

Anzeichnen der Aussparungen für die Gewölbeblenden.

Nun werden die Mauerplatten aus Styrodur vorgebogen. Ein Fön leistet hierbei gute Dienste.

Anschließend verklebt man die Mauerplatten im Brückengewölbe.

Mit diesem praktischen, selbst gebastelten Werkzeug lassen sich die Mauerplatten gut auf Gehrung schneiden.

Oben: *Mit einem Skalpell werden die Mauerteile aus der Platte geschnitten. Dabei ist eine exakte Schnittkante anzustreben.*

Rechts: *Einkleben der auf Gehrung geschnittenen Mauerteile.*

Mit einem Bleistift werden die Kanten mit sanftem Druck zusammengefügt.

Unten links und rechts: *Mit einer Schablone werden die herauszunehmenden Mauerteile markiert und dann ausgeschnitten. Hierbei leistet auch unser selbst gebautes Werkzeug gute Dienste.*

Zuschnitt der Gewölbespanten

Anschließend erfolgen die Zuschnitte. Da beim Tunnel nicht nur das Portal, sondern auch die Versteifungselemente für die angedeutete Röhre gefertigt werden, schneidet man zusätzlich zum Tunneleingang weitere Portalbögen aus. Die Anzahl dieser Spanten richtet sich nach der Länge des Tunnelstücks. Um die Illusion einer durchgehenden Röhre aufrecht zu erhalten, sollte sie über eine Länge von 10 bis 20 cm weitergeführt werden. Die Portalspanten werden im Abstand von 5 cm gesetzt und durch kleine Zwischenbrettchen verbunden. Als geeignetes Baumaterial hat sich Sperrholz mit einer Dicke von 6 bis 12 mm bewährt. Um die Auswölbungen zu schließen, kann man auch auf dünnere Restehölzer vom Schreiner zurückgreifen. Bei der Brückenkonstruktion könnte man von nebeneinander liegenden Tunnelröhren als Bauprinzip sprechen. Die Spanten und Querbrettchen werden demgemäß zusammengesetzt.

Mauerplatten anbringen

Die Innenverkleidung des Tunnels geschieht mit Mauerkarton. Das Angebot der Hersteller unterscheidet sich in Farbe und Form des Mauerwerks. Zu beachten wäre die Ausrichtung der Ziegel auf dem Kartonstück. Man sollte daher schon beim Kauf probieren, ob die Mauerstruktur beim Biegen des Kartons in die korrekte Richtung verläuft.
Das Mauerwerk an den Brücken sowie am Außenportal und den Stützmauern der

Oben: Anbringen der Gewölbeblenden. Sie bestehen aus umgedrehten Mauerplatten.

Mitte: Die auf Gehrung ausgeschnittenen Blendenteile lassen sich akkurat einpassen.

Tunnelportale entsteht aus festerem, strukturierten Material. So kommen Styrodur-Mauerplatten, beispielsweise von NOCH oder Heki, in Frage, ebenso Hartschaumprodukte oder solche aus Kunststoff, wie sie Faller anbietet. Für eine weitergehende Ausgestaltung haben diese Hersteller oftmals auch Arkaden oder Galerien im Programm, aus denen weitere interessante Konstruktionen geschaffen werden können.

Die Wahl des richtigen Klebers für das Aufbringen des Mauerwerks hängt vom verwendeten Material ab. Styrodur lässt sich nur mit einem Spezialkleber fixieren, wie zum Beispiel UHUpor. Das falsche Klebemittel löst die Platten unter Umständen auf. Hartschaum klebt am besten mit UHU Alleskleber, bei Kunststoff hat sich Pattex bewährt. Generell sollte man die Eignungsinformation eines Klebers vor dem Gebrauch studieren.

Damit die Blende nicht hervorsteht, wird das darunterliegende Mauerwerk herausgeschnitten.

Einritzen der Mauerfuge mit einem Skalpell.

Mit dem Lösungsmittelfreien Kleber UHUpor wurden die Gewölbeblenden aufgeklebt. Sehr schön erkennt man hier auch die Versteifungsbrettchen für das Gewölbe. Sie wurden mit Weißleim befestigt.

Stärkere Mauerplatten lassen sich besser einpassen, wenn die Außenkanten schräg geschnitten werden. Ein geeignetes Gehrungsmesser findet sich im Angebot von Heki, es kann aber genauso gut im Eigenbau entstehen. Hierfür fertigt man sich ein Stückchen Holz mit einer 45°-Schräge sowie einer scharfen Klinge. Das Messer wird mit zwei Schrauben so an der Schrägkante befestigt, dass es etwa in der Stärke des zu schneidenden Materials über den Rand hinausragt.

Gewölbeblenden

Die Zierleisten für die Gewölbeblenden stammen von 2 mm dicken Styrodurplatten. Sie stehen daher etwas vor. Alternativ können auch die universell einsetzbaren Fertigleisten von Faller am Portal angebracht werden. Das Vorbiegen dieser Kunststoffleisten erleichtert die Verklebung. Verwendet man unstrukturierte Platten, wird das Mauerfugenmuster mit einem spitzen Messer oder Skalpell eingeritzt. Umgedrehte Mauerteile, deren Maserung mit einem Heißluftföhn zum Verschwinden gebracht wird, können ebenfalls als Gewölbeblenden verwendet werden. Damit am Zenit des Portalgewölbes ein Schlussstein angebracht werden kann, bricht man vor dem Ankleben die entsprechenden Elemente aus der Fertigleiste heraus. Schlusssteine, Mauerabschlüsse und Sockelsteine entstehen aus unstrukturierten, 2 mm dicken Styrodurplatten, aus dem Sortiment der Allgäuer Firma NOCH.

Von NOCH stammen die Platten für das Gewölbe.

In die unstrukturierten Mauerplatten werden mit einem Bleistift die Mauerfugen eingeritzt.

Brückengesimse und Geländer

Das Material für die Blenden der Brückengewölbe bilden umgedrehte Mauerplatten. Die leichte Prägung auf der Rückseite lässt sich wie schon beschrieben mit Heißluft beseitigen. Die Simse werden aus ungeprägten, 2 mm starken NOCH-Platten ausgeschnitten. Äußerst vorbildgetreu wirkt das zierliche Geländer auf einer der beiden Brücken. Es handelt sich um filigrane Sommerfeldt-Elemente, die zusammengelötet werden.

Die farbliche Gestaltung des Brückenmauerwerks verläuft nicht anders als bei den Tunnelportalen.

Kleine Stücke eines Trinkhalms, in kleine Bohrungen geklebt, können als Drainagerohre das Erscheinungsbild vervollkommnen. Dasselbe gilt für die Stützmauern der Tunnelportale.

Das Gesimse der Brücke besteht aus 2 mm starken Mauerplatten. In den Buchten werden später die Masten der Fahrleitung ihren Platz finden.

Die Abschlusssteine auf den Gesimsen werden aus den Mauerplatten gebastelt. Sie sind wegen der dünnen Materialstärke sehr empfindlich gegen harte Stöße.

Rechts: *Mit einem fast trockenen Pinsel werden die „Spitzen" auf dem Mauerwerk herausgearbeitet.*

Steine färben

Bei der Wahl der Farben spielt es eine Rolle, aus welchem Material das Mauerwerk gefertigt wurde. Abtönfarben ergeben zwar eine schöne matte Oberfläche, eignen sich aber nicht so gut für Kunststoff. In diesem Fall greift man besser auf die Spezialfarben von Revell zurück. Eine Alternative stellen die Acryllacke dar.

Der Farbauftrag geschieht in zwei Phasen. Zuerst wird grundiert, mit dem dunkelsten Farbton. Die Farbe sollte nicht zu dick aufgestrichen oder gesprüht werden, damit die Mauerstruktur erkennbar bleibt. Im

Mitte: *Einpassen der im Bogen liegenden Steinbrücke in die zuvor weitgehend fertig gestellte Landschaft.*
Unten: *Die Brücke erhielt ein aus Sommerfeldt-Teilen gebasteltes und mit Lukas-Acrylfarben bemaltes Geländer.*

Rechte Seite: *Diese Brückenkombination bildet einen überaus eindrucksvollen Blickfang.*

18 427
18 427
D

Linke Seite: *An den Portalen sind deutliche Rußspuren zu erkennen, die vom Qualm und Rauch der Dampfloks herrühren. Eine leicht überarbeitete 18.4 führt einen D-Zug.*

Oben: *Die Portalspanten der beiden Tunnels werden mit einer Heißklebepistole zusammengefügt.*

zweiten Schritt greift man zu einem dicken Borstenpinsel. Abhängig davon, welche Farbgebung man sich von einem Vorbild abgeschaut hat, wird nun ein hellviolettes, graues oder hellbraunes Farbtöpfchen aufgemacht. Am besten probiert man die betreffende Farbe zuerst an einer unauffälligen Stelle aus. Wer von seiner Wahl überzeugt ist, beginnt nun nach dem Dry-Brush-Verfahren mit der Kolorierung. Den mit Farbe getränkten Borstenpinsel streift man auf einem Kartonstück ab und führt ihn dann fast trocken über das Mauerwerk. Als Abschluss machen sich kleine Lichter oder Kalkspuren ganz gut, die mit wenig weißer Farbe und einem feinen Pinsel aufgebracht werden

Durchfahren Dampfloks ein Tunnelportal, bleibt Ruß hängen. Er lässt sich mit schwarzer Farbe darstellen, die mit der Airbrush-Pistole auf die Gewölbeblenden gesprüht wird.

Die Fixierung der Bauwerke auf der Anlage kann von der Unterseite her oder seitlich mittels kleiner Hölzchen erfolgen. Um das optische Zusammenwirken auf der Anlage zu testen, lässt man die Brücken schon mehrmals ihre jeweiligen Plätze einnehmen, bevor mit der Grobgestaltung der übrigen Landschaft fortgefahren wird. Damit sie nicht zu sehr leiden, werden die Bauwerke zwischenzeitlich aber immer wieder verstaut. Zu beachten wäre noch, dass die Schienen auf Gitterbrücken nie, auf Steinbrücken dagegen immer ein Schotterbett aufweisen. ▲

Mitte: *Mit Faller-Mauerwerkskarton lassen sich die Tunnelröhren einfach auskleiden. Dabei sollte der Verlauf der Ziegelstruktur beachtet werden.*

Unten: *Aus den Reststücken umgedrehter Styrodur-Mauerplatten kann man sich die Abschlusssteine für die Stützmauer ausschneiden.*

Oben: Ausschnitt aus der begrünten und mit kleinen Bäumen durchsetzten Landschaft. Kleine Stützmauern stabilisieren das Gelände.

Die Landschaft entsteht

***Mitte:** Mit einem Tacker wird das Alu-Fliegengitter an den Spanten und Trägern „festgenagelt".*

***Unten:** Ein Seitenschneider ist ein universell einsetzbares Werkzeug. Mit ihm wird das Fliegengitter zurechtgeschnitten.*

Für viele Modelleisenbahner bedeutet der Landschaftbau die faszinierendste Phase im Modellbau. Die bisweilen monoton ablaufenden Holzarbeiten liegen nun zurück – und auch die wenig geliebte Verkabelung im Untergrund. Sie konnte ohne größeren Kabelsalat bewältigt werden, wie die ersten Testfahrten bewiesen haben. Viel Kreativität war bisher nicht gefragt, vielmehr eine größtmögliche Exaktheit. Doch im Laufe der nächsten Arbeiten, bei denen eine Modelllandschaft entsteht, gibt es oftmals mehrere Wege, die zum Ziel führen können. Und wem die Arbeiten Spaß machen, dem ist allein der Weg schon Ziel genug.

Zuerst wird die Materiallage überprüft. Ist alles im Haus? Gips, Gipsbinden, Formen, Farben, Begrünungszeug, Büsche und Bäume, Gießharz und ein umfangreiches Werkzeugarsenal sollten vorrätig sein. Nicht zu vergessen: die große Rolle Fliegendraht (Aluminium) aus dem Baumarkt. Einige Quadratmeter davon ergeben die Basis für die Landschaftsschale.

Tackern und Gipsen

Die Abgründe, die sich zwischen den Trassenbrettern und dem Anlagenrand auftun,

***Links:** Gipsbinden sind ein leicht und angenehm zu verarbeitendes Material. Mit einer Haushaltsschere schneidet man verschieden lange Stücke von der Rolle ab.*

***Mitte:** Die Stücke taucht man in eine Schüssel lauwarmen Wassers.*

werden mit Fliegengitter überspannt. Hierzu werden grob passende Stücke mit einem Seitenschneider von der Rolle abgeschnitten, über die Zwischenräume und Spanten gelegt und mit einem Tacker an den Trassenbretträndern, auf den Spanten und am Anlagenrahmen befestigt. Wie gespannt der Fliegengitteruntergrund werden soll, hängt von der Form des angestrebten Geländes ab: z. Bsp. als Mulde oder steiler Abhang.
Anschließend wird der Gittergrund mit angefeuchteten Gipsbinden ausgelegt. Zwei bis drei Lagen, versetzt übereinander, sollten ausreichen. Jede Lage der nassen Gipsbinden wird mit den Händen sanft glattgestrichen. Man kann jedoch ebenso gut die trockenen Gipsbinden auf das Drahtgewebe legen und sie anschließend mit einem sehr nassen Pinsel anfeuchten und glattstreichen.
Wenn die Gipserei an Stellen erfolgt, unter denen empfindliche Elektronik (Decoder, Kabel oder gar Booster) verborgen ist, sollte unter dem Fliegengitter unbedingt eine

***Links:** Wenn die Binde reichlich Wasser aufgesogen hat, wird sie aus dem Bad genommen.*
***Unten links und rechts:** Nun kann sie auf das Gitter gelegt und mit den Fingern und der Handinnenfläche sanft angedrückt werden.*

Oben: Man kann auch die trockene Binde auf den Untergrund legen und mit einem stark wassergetränkten Pinsel auf dem Untergrund festdrücken.

***Mitte und rechts:** Im Bereich oberhalb des Tunnels wird, da hier ein großes Waldstück angelegt werden soll, eine zusätzliche, dünne Schicht Gips aufgetragen. Mit dem Stechbeitel werden die Unebenheiten korrigiert.*

Lage Dämmfolie angebracht werden. So kann kein verflüssigter Gips durchtropfen. Erst wenn die Gipslagen durchgetrocknet sind, kann mit den Arbeiten fortgefahren werden. Nun wäre noch zu überlegen, ob die Gipslagen ausreichen (Frage der Stabilität) oder ob mit reinem Gips weitere Konturen geschaffen werden sollten. So können z. Bsp. Geländevorsprünge mit Gips vormodelliert werden. Im fast trockenen Zustand lassen sich die groben Strukturen mit einem Stechbeitel in Form bringen. Nach dem Austrocknen liegt eine weiße, harte Haut vor uns. Da an vielen Stellen nun Felswände aus abgeformten Teilen angesetzt werden, ist hier kein Farbauftrag notwendig. Dort, wo später saftiges Grün sprießen soll, wird die Landschaft mit Dispersionsfarbe grundiert. Die Farbe wird kräftig und deckend aufgetragen.

***Unten:** Anschließend sorgt satt aufgetragene, grüne Dispersionsfarbe für die Grundierung des Abschnittes.*

Ganz links: *Bereiche, unter denen sich Kabel oder digitale Geräte befinden, erhalten zum Schutz eine Lage Trittschallfolie ehe Gitter und Gips folgen.*
Links: *Angetackertes Folienmaterial.*
Unten: *Mit der Schere wird überstehendes Gitter zurechtgeschnitten.*

Felsen aus Gips

Wer bisweilen durch Flusstäler oder über Bergflanken an schroffen Felswänden vorbeiwandert, gewinnt einen Blick dafür, wo das Grün und wo das nackte Gestein seinen Platz hat. Auf unserer Anlage bildet eine gewaltige, dem Streckenverlauf folgende Felswand den Übergang von der obersten Ebene zur Paradestrecke. Verschiedene Felstypen ragen mehr oder weniger senkrecht auf. Bisweilen sorgen einige Stützmauern für die notwendige Stabilität der Felswände. Sie wurden in erster Linie zum Schutz der Bahnstrecke errichtet. Denn dort, wo ein zu Steinschlag oder Bergsturz neigendes Gelände vorhanden ist, sind aufwändige Kunstbauten und Vermauerungen oft direkt in den Felswänden notwendig, um den Bahndamm zu sichern.

Unten: *Eine Stellprobe der Brücke gibt Aufschluss darüber, ob die Folie und das Alugitter korrekt angebracht wurden.*

__Oben links und rechts:__ Benetzen der Gipsformen und Anrühren des Modellgipses.

__Mitte links und rechts:__ Der Gips sollte nicht zu zähflüssig sein. Nach dem Eingießen wird er mit einer Klinge gleichmäßig in der Form verteilt.

__Oben links:__ Ein ordentlicher Gipsauftrag sorgt für gute Haftung.
__Unten und rechts:__ Einfügen eines Gipsfelsens. Nach kurzem Andrücken haftet der Felsblock am Gelände. Unten im Bild eine aus Formen der Werkstatt Spörle gegossene Betonmauer.

Oben links und rechts: *Mit dem Seitenschneider wird ein Felsstück passend gemacht und anschließend mit Gips bestrichen.*

Der Untergrund des steil abfallenden Geländes besteht aus Fliegengitter und etlichen Lagen Gipsbinden (Woodland oder NOCH). Diese glatte Fläche wird nun mit geformten Felsbrocken bestückt.
Damit für die Gestaltung der Felswand ein genügend großer Vorrat an Gesteinsbrocken zur Verfügung steht, sollte vorzeitig mit der Produktion begonnen werden. Wegen der unvermeidlichen Trocknungs- bzw. Aushärtungszeit kommt der Nachschub nicht allzu schnell hinterher.

Das Abformen

Woodland/NOCH bietet Gummiformen mit äußerst realistischen Gesteinsstrukturen an. Liegen die Formen vor einem, nebelt man sie mittels Blumenspritze zunächst mit wasserverdünntem Netzmittel (z. Bsp. von Lukas) ein. Anschließend werden sie mit einem sauberen Tuch oder Küchenrollenpapier abgetupft. Gleich darauf mischt man Modellgips und Wasser nach der Anleitung zu einer einheitlichen, zähflüssigen

Mitte links und rechts: *Nach dem Einpassen in die Felswand wird der Neuankömmling verspachtelt.*

Unten links und rechts: *Die Feinarbeiten werden zunächst mit einer Klinge und später mit dem Stechbeitel durchgeführt.*

Oben: *Jetzt kommt Farbe ins Spiel. Die Methoden, Felsen farblich zu gestalten, sind zahlreich. Stets werden jedoch Dispersionsfarben verwendet.*
Mitte und unten: *Nach dem Anstrich mit Tiefgrund erfolgt der Farbauftrag mit breitem Pinsel. Enge Felsabbrüche erfordern den Einsatz eines feinen Pinsels. Danach wird mittels feuchten Schwämmchen die Farbe teilweise abgewischt. In den feinen Ritzen bleibt sie zürück. Um die Lichter zu setzen, wird mit fast trockenem Pinsel helle Farbe in raschen Bewegungen aufgetragen.*

Masse. Diese wird in die Formen gegossen und verbleibt dort 20 bis 30 Minuten, bis der Gips abgebunden hat. Dabei erwärmt er sich spürbar. Vorsichtig lässt sich das Felsenstück von der Form lösen. Dann beginnt die Trocknungszeit, die je nach verwendetem Gips und Felsdicke variiert. Am besten produziert man am Vortag seine Gesteinsbrocken und freut sich für den nächsten Tag auf verwendbare Felsteile, die dann in jedem Fall trocken sind und für die Weiterverarbeitung zur Verfügung stehen. Mit einem Seitenschneider lässt sich beispielsweise die Form der Felsen verändern. So lassen sich individuelle Gesteinsformationen schaffen. Werden die abgeformten Felsstücke um 180 Grad gedreht eingebaut, ergeben sich weitere Kombinationsmöglichkeiten.
Zudem ensteht durch Bruch eine Vielzahl von verschiedenen kleinen Felsteilen. Sie

Oben: *Unterhalb der Felswand entsteht eine Betonmauer. Sie wird mit dem sehr gut klebenden Busch-Kleber angebracht.*

Mitte links: *Die Zwischenräume werden verspachtelt und die Grundlage für die 2. Etage wird geschaffen.*

können für die Zwischenräume oder auch am Flussbett gut verwendet werden.

Farbe optimiert die Felsstruktur

Mit reichlich Gips klebt man den Fels auf dem präparierten Untergrund (Gipsbinden). Zwischenräume werden entweder mit Kleinteilen oder mit Gips verspachtelt. Ziel ist ein harmonischer Übergang. Nach einer ausreichenden Trocknungsphase, wenn das Gestein fest an seinem Platz sitzt, kann mit den Feinarbeiten begonnen werden. Mittels Stechbeitel oder einem scharfen Bastelmesser werden die Konturen der Zwischenräume verbessert und modelliert. Überschüssiges Material wird rasch entfernt. Es wird teilweise aufgehoben, da es als Füllstoff Verwendung finden kann. Ist das gewünschte Ergebnis

Oben: *Zurechtschneiden der Blenden. Die abgeformte Mauer wurde in der Höhe verändert.*

Mitte: *Einpassen der Abschlusselemente.*

Unten: *Nun steht die Betonmauer. Feinarbeiten sind angesagt und dann geht es an die farbliche Ausgestaltung des Betons und der Felsen.*

Oben links und rechts: *Nach dem Auftrag von Tiefgrund wird mit verschiedenen Farbtönen die typische Betonoptik herausgearbeitet.*

Rechte Seite: *Nun ist auch das landschaftliche Umfeld gestaltet. Harmonisch und glaubhaft zugleich fügt sich die Betonwand ein. Es kommt eben, wie beim Vorbild, doch darauf an, was man aus Beton macht.*

Unten: *Im nächsten Schritt haben wir uns mit den Bahnsteigen und hierbei speziell mit dem Abformen der Kanten befasst. Hier sieht man bereits das Ergebnis der durchaus mühevollen Arbeit. Aber es lohnt sich auf jeden Fall, geduldig zu bleiben.*

erreicht, kann man mit der Farbbehandlung beginnen. Als Erstes wird der stark saugende Gips mit Tiefgrund bestrichen. Danach kann der eigentliche Farbauftrag mit stark verdünnter Abtönfarbe erfolgen. Eine geeignete Mischung ergibt sich aus Schwarz und Braun, der ein paar Tropfen Weiß beigemengt werden. Die dünne Konsistenz der Farbe bewirkt, dass der Fels nicht vollständig überzogen, sondern lasiert wird. Form und Struktur können hervortreten. Präsentiert sich nach dem Abschluss der Färberei dann die fertige Felswand, ist zu überlegen, wieviel Grünzeug oder kleine Bäume angebracht wären. Die Vegetation findet selbst an reichlich unwirtlich scheinenden Orten einen Lebensraum.

Straßen und Mauern

Zur Gestaltung von Straßen, Plätzen, Stützmauern oder Betonkonstruktionen bieten sich ebenfalls Gipsbauteile an. Sie können mit den Formen von Spörle hergestellt werden. Diese gibt es einzeln oder zu Themenbereichen im Set: Straßenbau, Stadtviadukt, Betonbau, Bahnsteig usw. Für die Kautschuk-Formen wird eine geeignete Gussmasse benötigt. In Frage kommen guter Modellgips oder das Keraflott von Spörle. Gips hat den Nachteil, dass er leichter ist als die Reliefgießmasse Keraflott und so zum Bilden von Luftblasen neigt. Sein Vorteil ist die weiße Grundfarbe, die sich – mit Tiefgrund behandelt – wunderbar lasieren lässt. Was den Farbton von Keraflott

Oben links und rechts: *Nun entstehen verschiedene Bahnsteigkanten. Keraflott wurde angemischt, wird nun in die Formen gegossen und dann gleichmäßig verteilt.*

anbelangt, so liegt er irgendwo zwischen Lehm und Ton.

Die Arbeitsplatte: absolut eben

Vor dem Guss werden auch die Spörle-Formen mit Lukas-Netzmittel - ebenfalls aus dem Sortiment der Werkstatt Spörle - eingesprüht. Während man die Gießmasse anrührt, empfiehlt es sich, die Formen umgekehrt zum Abtropfen auf ein Stück Tuch oder Zeitung zu legen.
Zuerst kommt Wasser in den Mischbecher, dann das verwendete Pulver (Gips oder Keraflott). Das Mischungsverhältnis beträgt etwa 1 : 3. Der Brei sollte klumpenfrei durchgerührt werden. Zum Gießen stellt man die Formen auf eine absolut plane Oberfläche: eine Glasscheibe oder ein starkes, verzugfreies Brett.

Unten: *Aus diesen Formen entstehen nicht nur die Bahnsteigkanten, sondern auch Elemente für die Kopfsteinpflasterstraßen und die Gehwege.*

Abgüsse mit Spörle-Formen

Langsam gelangt die Gießmasse in die Form. Sollen eventuell vorhandene Luftblasen entweichen, klopft man mit einem Holzstab oder Ähnlichem vorsichtig auf oder an die Unterlage. Die ersten Güsse gelingen eventuell noch nicht, da die Kautschukform zunächst nur schlecht Wasser annimmt. Nach dem Klopfen muss die Oberseite des Gusses noch abgezogen werden, um eine gerade Unterseite für das Bauteil zu erzielen. Hierfür eignet sich ein Stahllineal, das langsam über die Form gezogen wird. Nach dem Erstarren der Masse, nach etwa einer Stunde, kann der Guss entnommen werden. Dazu werden die Ränder der Form vorsichtig nach unten gebogen. Das gegossene Teil lässt sich jetzt langsam ablösen und herausschälen. Obwohl die Gummiformen sehr biegsam sind, nehmen sie Gewaltanwendungen sehr übel. Sie reißen unter Umständen ein. Allerdings kann man beschädigte Formen beim Hersteller instand setzen lassen.

Keraflott-Teile färben und kleben

Die Abdrücke lassen sich im noch nicht ganz trockenen Zustand mit einem scharfen Messer gut von Gussgraten befreien. Nach etwa 24 Stunden, abhängig von der Luftfeuchtigkeit und Raumtemperatur, können sie bemalt werden. Auch die Keraflott-Abgüsse müssen mit Tiefgrund behandelt werden. Sie nehmen danach kaum noch Feuchtigkeit an und lassen sich mit verdünnten Wasser- und Abtönfarben, die man auch mit einem Schwämmchen statt einem Pinsel auftragen kann, in der Lasurtechnik gestalten.
Die Befestigung der Bauteile auf der Anlage kann mit verschiedenen Klebern erfolgen. So kommen Kontaktkleber ebenso in Frage wie Weißleim. Vorsicht ist allerdings bei dünnen Teilen wie den Straßenelementen geboten, da sie sehr leicht brechen. Arkaden können beispielsweise mit sehr dün-

nem Gips direkt in die Landschaft eingebaut werden. Müssen einzelne Teile gekürzt werden, eignet sich eine Mini-Tischkreissäge mit einem scharfen Sägeblatt. Mit langsamem Vorschub und wenig Druck gelingen gerade und saubere Schnitte. Auch mit einer Mini-Flex lassen sich die Bauteile bearbeiten. Unebenheiten an den Abgüssen beseitigt man am besten mit einem Schleifpapierkissen.

Halt – ein Spalt!

Ritze oder Spalten, die zum Beispiel zwischen den Straßenbauteilen eventuell zurückbleiben, lassen sich mit extrem dünnflüssigem Gips verschließen. Für kleinere Löcher und Ränder auf der Straße oder dem Gehsteig eignet sich auch sehr feiner Sand, der dann mit einem Wasser-/Ponal-Gemisch fixiert wird. Die Bauteile selbst werden untereinander mit Weißleim oder dem Flexkleber aus dem Spörle-Sortiment verbunden. Da beide eine recht lange Abbindezeit haben, müssen die Bauteile entsprechend lange ruhen dürfen. Ist das Bauwerk fertig, erfolgt die farbliche Behandlung meist in der Lasurtechnik.

Ganz oben: *Abgießen der Kopfsteinpflasterstraßen.* ***Oben:*** *Der Bahnhofsvorplatz nimmt Gestalt an. Nach dem Tiefgrund wird nun vorsichtig der erste Farbauftrag vorgenommen.* ***Mitte links:*** *Mit Hilfe des Schleifblocks können einige Millimeter von den Gipsteilen abgenommen werden.* ***Mitte rechts:*** *Einbau der Straßenteile.* ***Unten links:*** *Die Gehwegelemente werden verlegt.* ***Unten rechts:*** *Das Kopfsteinpflaster erzeugt typisches Epoche–III–Flair.*

__Oben:__ Ein mittelgroßer Bahnhof braucht natürlich ordentliche Bahnsteige. Dazu werden zunächst die Zwischenräume des C-Gleises aufgefüllt. Für die Signalantriebe sind entsprechende Aussparungen geschnitten worden.

__Mitte:__ Das schon vom Brückenbau her bekannte Gehrungsmesser ist auch beim Bahnsteigbau sehr praktisch. Wegen der Böschung des C-Gleises benötigt man schräge Kanten. Anschließend erfolgt das Einkleben mit UHUpor.
__Rechts:__ Beim Andrücken hilft ein selbst gebauter Roller.

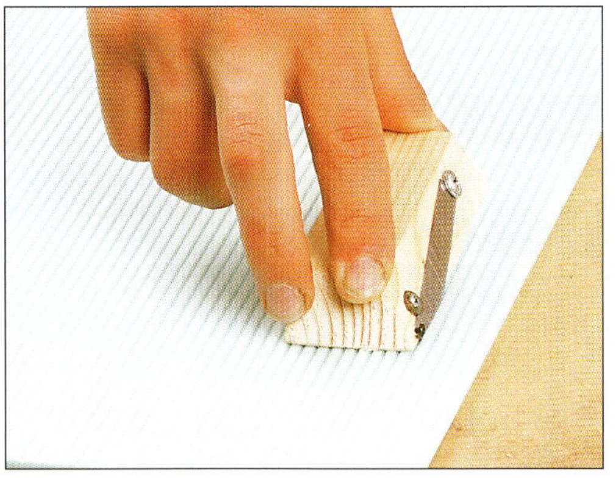

__Unten:__ Ermitteln der optimalen Abstände zwischen Bahnsteigkanten und Gleis.

Material für Bahnsteige

Für die Gestaltung eines Bahnsteigs gibt es ein großes Angebot an Kunststoffbausätzen. Allerdings schränken sie den Modellbauer etwas ein, da sie immer von einem bestimmten Gleisabstand ausgehen. Außerdem geht die Anschaffung bei größeren Längen ganz schön ins Geld.
Der Eigenbau hat sich hier als günstiger und flexibler erwiesen. Es bieten sich mehrere Materialien an. So kann auf Kunststoff, Hartschaum oder Styrodur zurückgegriffen werden. Gleiches gilt für den Bahnsteigbelag. Mit den Formen aus der Werkstatt Spörle lassen sich einzelne Grundelemente für den Bahnsteig aber auch selber herstellen. Die Ziegelmauer-Bahnsteigkanten entstanden mit Spörle-Formen und Keraflott-Gießmasse. Farblich wurden sie mit Abtönfarbe nachbehandelt.

Abstände ermitteln

Vor dem Einbau muss der richtige Abstand zum Gleis ermittelt werden. Dabei bedient man sich am besten einer Dampflok, da diese über breite Zylinderpartien verfügt und daher den größten Platzbedarf unter den Loks haben dürfte. Gut eignen sich auch die Umbauwagen wegen ihrer ausladenden Einstiegstritte. Sobald der Abstand der Kanten zum Gleis festgelegt ist, ergibt sich auch die Breite der Bahnsteigfüllung. Sie wird am einfachsten aus dünnen Hartschaumplatten hergestellt. Die Füllung wird als Erstes verklebt. Zweckmäßigerweise stellt man hierfür eine Schablone her. Dabei handelt es sich um einen Holzklotz, auf dem man die Distanz zwischen Gleis und Bahnsteigfüllung markiert. Er hat zwei Schlitze gemäß dem Gleisabstand, sodass er auf den Schienen hin- und herbewegt werden kann. Mit Hilfe der Schablone wird beim Verkleben der Bahnsteigfüllung stets der richtige Abstand eingehalten.

Bahnsteigbeläge befestigen

Als Bahnsteigbelag kommen geprägte Hartschaumplatten, in diesem Fall von Heki, zum Einsatz. Allerdings wurde hier die Ausführung in N gewählt, da die Plattennachbildung der H0-Version zu groß erschien. Der Hartschaumbelag lässt sich mit einem Messer auf die benötigte Breite zuschneiden. Als Kleber kommt ein Spezialmittel wie UHUpor in Frage, da lösungsmittelhaltige Kleber das Material zerstören. Zum Schluss werden die Bahnsteigkanten mit verklebt. Treten geringe Unterschiede in der Dicke der Kanten auf, lassen sie sich vor der Montage mit Schleifpapier ausgleichen. Dann werden noch ein Treppenabgang zur Unterführung und die Überdachung (Auhagen) eingebaut. Zu sehen ist dies auf der Seite 108.

__Oben:__ Ein Holzblock dient hier als Schablone. Mit zwei Schlitzen versehen, kann er auf dem Gleis hin- und herbewegt werden und hilft so, den Abstand zwischen Gleis und Bahnsteigkante einzuhalten.

Dieses Bild zeigt, wie die Schablone beim Verkleben der Bahnsteigfüllung angelegt wird.

Als Bahnsteigbelag kommen Hartschaumplatten von Heki zum Einsatz. Mit einem Messer auf die richtige Breite gebracht, werden die Platten mit UHUpor auf der Füllung fixiert.

__Unten links und rechts:__ Zum Schluss klebt man die Bahnsteigkanten an. Falls es störende Abweichungen bei der Kantendicke geben sollte, können diese mit Schleifpapier beseitigt werden.

Oben: *Optischer Mittelpunkt der Anlage ist die Brückenkombination mit dem romantischen Flusstal.* ***Mitte:*** *Hier sind die abgeschrägten Flussbettungen gut zu erkennen.* ***Unten:*** *Noch schwebt die Brücke über dem endlosen Abgrund.*

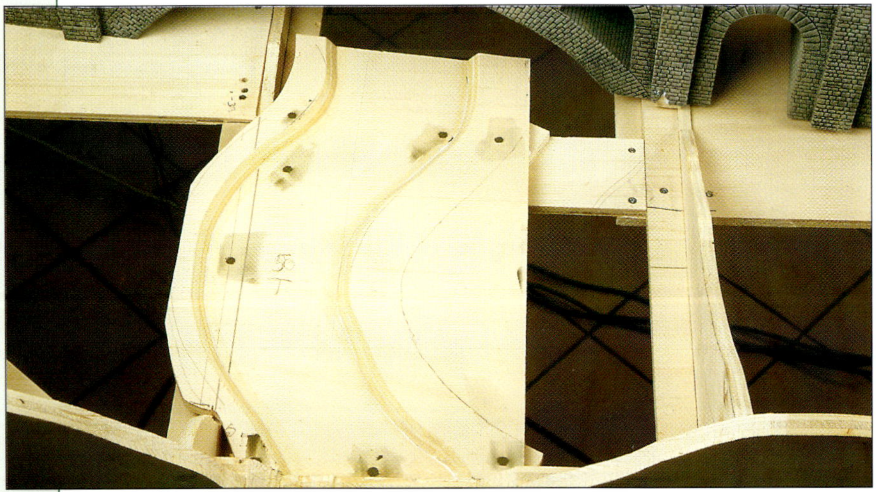

Kristallklare Gewässer

Die Topographie der Epoche-III-Anlage wird von Erhebungen und Einschnitten geprägt. Flüsse und Bäche schlängeln sich durch die mittelgebirgsähnliche Region. Doch wie so etwas darstellen? Woher das Wasser nehmen? Es gibt verschiedene Methoden, Gewässer zu imitieren. Für den geruhsam dahinplätschernden Fluss auf der Anlage wurde Gießharz verwendet, ein zugegebenermaßen nicht allzu leicht zu handhabendes Material, mit dem sich jedoch ein faszinierendes Ergebnis schaffen lässt.

Wichtigste Voraussetzung ist ein absolut dichtes Flussbett. Das recht dickflüssig erscheinende Harz ist nämlich besonders fließfreudig und nutzt jede auch noch so kleine Lücke, um zu entwischen. Aber keine Sorge: Erstens darf sich jeder einen Fehlversuch zugestehen und zweitens wird der fertige Wasserlauf viele Betrachter in seinen Bann ziehen. „Wie habt ihr das Wasser auf die Anlage gebracht?“ wird die meistgestellte Frage lauten.

Bei der Arbeit mit Gießharz gilt es, noch einen weiteren Hinweis zu beachten: Das

Flussbett sollte kein zu großes Gefälle aufweisen, da sich das Harz ansonsten an den tiefsten Stellen zu übergroßen Pfützen ansammelt. Eine kleinere Schräglage, sei es die der Anlage oder des Flussbetts, schadet dagegen nicht. Schließlich liegt jedes natürliche Fließgewässer in einem leichten Gefälle.
Das Flussbett selbst wird aus Sperrholzplatten zusammengebaut. Die Uferböschung entsteht ebenfalls aus Sperrholz. Hier genügt ein Griff in die gut gefüllte Restekiste. Im Verlauf der Arbeiten haben sich etliche Holzschnittreste angesammelt. Nicht alles landet im Kachelofenfeuer. So manches kann noch auf der Anlage gebraucht werden. Wer beim Aussägen der Gewässergrundplatte seine Stichsäge auf Schrägschnitt einstellt, bekommt gleich die zum Flussverlauf passende Böschung dazu.

Flussbett vorbereiten

Löcher oder Lücken im Flussbett werden mit einer Universalspachtelmasse gründlich verschlossen. Anschließend erhalten sämtliche Holzteile einen Anstrich mit hellbrauner Lackfarbe. Kleinere Stufen werden aus schichtweise zusammengeklebten Holzplatten oder aus Gips gebildet. Gemauerte Absätze im Flussbett lassen sich mit geprägten Hartschaumplatten darstellen, da das Gießharz den Schaum nicht angreift. Als sichtbarer Gewässergrund eignet sich eine leicht herzustellende Spachtelmasse. Sie wird aus sehr feinem Sägemehl, Wasser und Weißleim hergestellt. Dabei kommt zuerst das Wasser in den Mischtopf. Anschließend wird so viel Weißleim dazugegeben, bis etwa die Konsistenz von Milch erreicht ist. Nun gibt man vorsichtig unter Rühren das Sägemehl dazu. Die Masse ist fertig, sobald sie sich mit einem Spachtel oder Stuckeisen aufnehmen lässt ohne abzutropfen. Der Sägemehlbrei wird portionsweise ins Flussbett gegeben, mittels Spachtel oder Stuckeisen geglättet und modelliert, bis das Ergebnis den eigenen Vorstellungen entspricht. Für die Detailgestaltung sollte man sich auf jeden Fall auf die Suche nach passenden Steinchen machen. Runde kleine Kiesel eignen sich besonders gut. Wenn größere Gesteinsbrocken aus dem Wasser ragen sollen, bieten sich hauptsächlich flache Steine an. Sie lassen sich problemlos einbauen, indem man sie einfach in den frischen Brei drückt. Seitlich herausgequollene Masse wird nochmals geglättet. Zur Darstellung von feinerem Kiesel eignet sich eine Mischung aus grobem und feinem Sand, Schotter in verschiedenen Farben sowie kleinen Steinchen unterschiedlicher Größe. Die Körnchen werden vorsichtig in das frische Flussbett gestreut. Dabei sollten mehr Kiesel in Ufernähe landen als in der Flussmitte, da sie naturgemäß von der Strömung des Wassers an den Rand gedrängt werden.

Oben: *Die Bogenbrücke aus dem Märklin-Sortiment ist farblich behandelt worden. Sie ruht auf selbst gebauten Pfeilern. Das Flussbett ist bereits teilweise vorbereitet worden.*
Mitte: *Mit feinem Sägemehl, das in ein Leim-Wasser-Gemisch eingerührt worden ist, wird der Untergrund für den Wasserlauf modelliert.*
Unten: *Überall da, wo später das Wasser ruhig dahinfließen soll, wird sehr sorgfältig mit der Spachtelmasse gearbeitet. Tunlichst werden selbst kleinste Ritze vermieden. Wir sprechen aus Erfahrung!*

__Oben:__ Kleine Steine werden in das Flussbett gedrückt.

__Mitte:__ Nun rieselt auf das noch feuchte Sägemehl feiner Sand.

__Darunter:__ Vor dem Mauerwerk wird nur noch wenig Sand aufgestreut.

__Unten links:__ Jetzt wird nochmals ein Leim-Wasser-Gemisch aufgeträufelt.

__Unten rechts:__ Feine, grüne Woodland-Flocken stellen Moos dar.

Mit verschiedenen Grüntönen des Woodland-/NOCH-Produktes Turf Bodenflock fein lässt sich der Algenbewuchs am Flussgrund oder an Mauerteilen imitieren. Hierfür streut man den Turf aus recht großer Höhe sparsam auf. Wer möchte, legt noch kleinere Pflanzenreste zur Detaillierung ins Flussbett. Anschließend wird das gesamte Bett nochmals mit einer Wasser-/Weißleim-Mischung vorsichtig getränkt, um die Streumaterialien dauerhaft zu fixieren.

Wasser gießen

Der Trocknungsvorgang im Flussbett kann je nach Raumklima bis zu drei Tage dauern. Erst danach kommt das Gießharz ins Spiel. Es wird gemäß Anleitung angerührt. Bei den nachfolgenden Arbeiten sollte für eine gute Belüftung gesorgt sein, die Hände freuen sich über entsprechende Arbeitshandschuhe. Die Warnhinweise des Herstellers sollten ernst genommen werden. Zum Anrühren eignen sich Gefäße, die man entbehren kann, wie zum Beispiel ein leerer Joghurtbecher, da sie sich nach dem Kontakt mit dem Gießharz nicht mehr reinigen lassen. Das vorbereitete zähflüssige Harz wird nun langsam in das Flussbett gegossen: nur kleine Mengen aufbringen und den Verlauf des Harzes beobachten. Die erste Schicht sollte recht dünn ausfallen. Sie wird sowieso fast vollständig vom Sägemehluntergrund aufgesogen. Eine weitere wichtige Eigenschaft des Gießharzes sollte ebenfalls beachtet werden: Je dicker die Schichten ausfallen, desto größer ist

die Wärmeentwicklung beim Erhärten des Harzes. Schichten, die eine Dicke von 1 cm übersteigen, vermeidet man daher besser, um eventuelle Schäden an der Anlage auszuschließen. Die Wartezeit bis zum Auftragen der nächsten Schicht beträgt rund 8 bis 12 Stunden. Bis zum endgültigen Erhärten vergehen etwa 24 Stunden.

Ufer begrünen

Die gegossene Wasserfläche ist natürlich sehr glatt. Um Wellen zu modellieren, träufelt man noch eine weitere, sehr dünne Schicht auf. Nach zirka 1 Stunde ist das Harz soweit erstarrt, dass es sich mit einem Holzstab formen lässt. Nun entstehen Wellen, wie sie beispielsweise an Steinen oder anderen Hindernissen zu beobachten sind. Schaumkronen kann man im Dry-Brush-Verfahren mit weißer Farbe aufmalen, sobald die Schicht völlig durchgetrocknet ist. Für die Gestaltung der Wasseroberfläche können alternativ auch Fensterfarben verwendet werden.
Zur Vervollkommnung der Flusslandschaft erfolgt zuletzt noch die Begrünung der Uferregion. Das eben geschaffene Gewässer liegt schließlich nicht in einem steinigen Canyon mit spärlicher Vegetation. Vielmehr säumen Gräser und Stauden das Flussbett. Die Pflanzenwelt entsteht aus verschiedenen Turfsorten von Woodland/NOCH sowie Wildgrasmatten.

Oben: Auch im mittleren Flusslauf werden Flocken aufgestreut.
Mitte: Mischen der beiden Komponenten des Gießharzes und langsames Eingießen in das Flussbett.
Unten: Ein müder Wanderer hat sich seiner Socken entledigt und erfrischt sich am klaren Fluss.

Die wichtigsten Utensilien für die Begrünung sind Flocken verschiedener Anbieter und der Turbostat, mit dem sich tolle Wiesen schaffen lassen.

Es grünt so grün

Grasimitat dürfte das wohl wichtigste und wohl am häufigsten im Modellbau verwendete Ausgestaltungsmaterial sein. Während die Generation älterer Modelleisenbahner noch mit gefärbtem Sägemehl oder eintönigen Grasmatten vorlieb nehmen musste, gibt es heute eine unüberschaubare Materialvielfalt.

Zu den hochwertigen und vielfach einsetzbaren Produkten gehören Flocken für die Begrasung und Laubimitate mit Netzstruktur der Hersteller Woodland/NOCH und Heki. Sie sind in den unterschiedlichsten Grüntönen sowie weiteren Farben erhältlich und ermöglichen eine verblüffend naturgetreue Farbgestaltung von Wiesen, Büschen oder Bäumen. Wer sich offenen Auges in der Natur bewegt, dem wird sicher bewusst sein, dass Grasflächen nie aus nur einem Farbton bestehen. Blumen, Kräuter, Klima und Jahreszeit bestimmen das Erscheinungsbild.

Es empfiehlt sich daher, die Flocken zu mischen oder mit kleinen Einstreuungen Akzente zu setzen. Niedriges Buschwerk oder Stauden können durch Foliage oder Heki-Bodendecker dargestellt werden. Klebt man bunte Flocken auf die kleinen Büsche, entsteht der Eindruck, sie stünden in Blüte. Solche farbigen Tupfer machen sich auch auf Wiesen gut.

Von Hand lassen sich mit feinen Flocken viele Wegränder gestalten.

Kleben und Versiegeln

Eine weitere Möglichkeit, Graslandschaften zu schaffen, besteht darin, entsprechende Fasern aufzutragen, die elektrostatisch aufgeladen sind. Doch egal, ob das Material mit der Hand aufgestreut oder einem Beflockungsgerät wie dem Turbostat aufgetragen wird, zuerst muss mit verdünntem Weißleim ein klebender Untergrund geschaffen werden. Für kleinere Grasflächen braucht zwar nicht gleich ein Turbostat in Aktion zu treten. Die Grasfasern aber stehen leider nur bedingt auf, wenn sie aus einer Kunststoff-Flasche herausgepresst werden.

Die begrünten Flächen haften gut auf dem leimbestrichenen Untergrund. Um das Werk aber dauerhaft zu schützen, sollte man es zum Schluss noch versiegeln. Hierfür eignet sich Mattlackspray, der im Bastel- und Hobbybedarf erhältlich ist.

Oben und Mitte: *Lieben Sie Kaffee? Dann verfügen Sie über einen ausgezeichneten Rohstoff für den Anlagenbau. Statt den Inhalt des Filters auf den Biomüll zu kippen, kann der getrocknete Kaffeesatz, mit Flocken gemischt, eine hervorragende Grundlage für den Waldboden darstellen. Mit einem dezenten Kaffeeduft in der Nase lässt es sich übrigens zudem gut arbeiten.*

Seite 98: *Keineswegs sparen sollte man beim Begrünen von brachliegenden Landschaftsteilen. Denn da wächst jede Menge Grünzeug, von Sträuchern über Büschen bis hin zu mächtigen Bäumen.*

Unten: *Mit Mattlack werden die aufgetragenen Flocken abschließend fixiert und geschützt.*

Gräser sprießen lassen

Die Landschaft ist schon teilweise fertig. Flocken und Fasern sind gestreut, nun kommt die Begrünung der Wiesenflächen mit hohem Gras an die Reihe. Neben Grasmatten, die in vielfältigen Farben und Graslängen zu bekommen sind, bieten sich dafür Fasern an, die mit einem Beflockungsgerät in ein Leimbett geschossen werden. Das Gerät erzeugt eine Hochspannung, die bewirkt, dass die Fasern aufrecht stehen. Allerdings ist die Anschaffung eines solchen Gerätes recht teuer. Für den versierten Bastler finden sich auch Eigenbauvorschläge im Internet. Möglicherweise kann man sich aber im örtlichen Modellbauclub ein solches Gerät ausleihen.

Große Flächen begrünen

Als Kleber kommt Weißleim zum Einsatz. Der Untergrund sollte vorher mit einer dunkelgrünen Abtönfarbe gestrichen werden, damit der weiße Gipsuntergrund nicht durchscheint. Alternativ kann die Farbe auch dem Weißleim beigemengt werden. Der Kleber wird mit einem Pinsel satt auf die zu begrünende Fläche aufgetragen. Dabei sollte man sich nicht allzu große Flächen vornehmen, da der Kleber sonst möglicherweise vorzeitig einzieht und die Fasern dann nicht mehr richtig haften. Zunächst wird ein Gegenpol für das Beflockungsgerät im nassen Leimbett angebracht: in Form einer Schraube oder eines Nagels, an dem die Krokodilklemme des Apparates Halt findet. Das Streugefäß des Geräts wird mit Fasern aufgefüllt. Professionelle Geräte verfügen über verschieden

Oben: ***Mit nur schwach verdünntem Weißleim wird der Untergrund vorbereitet.***

Mitte: *Da die senkrechten Grashalme nicht überall stehen sollen, werden einige Flocken aufgestreut. Erst dann wird elektrostatisch begrünt.*

Unten: *Größere Flächen können sehr effektvoll mit dem Turbostat begrünt werden. Während des Arbeitsvorganges muss das Gerät leicht geschüttelt werden. Dabei wird mit einer Handfläche leicht auf den Aufsatz geschlagen.*

Oben links und rechts: *Der Turbostat hat einen ordentlichen Materialverbrauch. Nicht alle Fasern erreichen ihr Ziel. Mit einem sauberen Socken als Aufsatz kann daher der Staubsauger sparen helfen.*

Mitte und unten: *Foliage von NOCH und die Bodendecker von Heki lassen sich, leicht mit den Fingern gezupft, ideal als niederer Bewuchs einsetzen.*

große Streugefäße, mit denen sich der Faserausstoß der Fläche anpassen lässt. Durch leichtes Schütteln werden die Gräser dann in das Leimbett geschleudert.

Bunte Gräser hinzufügen

Die entstandene Grünfläche kann allerdings etwas eintönig wirken. Sie wird aufgelockerter, wenn zuvor kleine Sandflecken oder Turf Bodenflock aufgestreut werden. Je nach Standort sorgt die Verwendung verschiedenfarbiger Gräser für gutes Aussehen. So lassen sich beispielsweise an feuchten Stellen dunkle und an Böschungen hellere Fasern verwenden. Auch das Mischen verschiedener Längen und Farben ist möglich. Um gegen unliebsame Überraschungen auf der Anlage gerüstet zu sein, probiert man die Mischungen am besten auf einem kleinen Brett aus. Wer über eine Airbrushpistole verfügt, kann mit ihr die Grasflächen im trockenen Leimbett mit verschiedenen Farben nachbehandeln.

Bäume pflanzen

Bäume gibt es in unterschiedlicher Qualität zu kaufen. Wenig naturnahe Produkte sind fast schon Vergangenheit. Es gibt auch ist die Möglichkeit, aus getrockneten Stauden, Foliage, Heki- und NOCH-Laub individuelle Bäume entstehen zu lassen. Die Stämme von Fertigbäumen sollten mit etwas Farbe ihren Kunststoffglanz verlieren. Gepflanzt werden alle Bäume in kleinen Bohrungen. Ein wenig Klebstoff macht sie auch gegen Stürme wetterfest.

Oben: *Eine Platte mit selbst gebauten Büschen und Bäumen. Hierzu gibt es unzählige Methoden, die wir nicht vertiefen wollen. Zur Aufbewahrung haben sich Styroporplatten in den Augen vieler Experten bewähren können.*

Mitte links und rechts*: Bäumepflanzen ist eine schöne Arbeit. Die Kunststofffüße der NOCH-Lärchen haben einen Metallspieß eingepflanzt bekommen. Mittels Akkubohrer wird ein Loch gebohrt, in welches dann der Baum mit etwas Kleber am Fuß gesteckt wird.*

Unten: *Kleine Büsche, hier die Filigranbüsche von Silflor, pflanzt man ganz einfach. Ein Dorn sorgt für das Loch und dann wird der Busch einfach eingeklebt.*

Oben rechts und rechte Seite oben: *Mit einem dicken Borstenpinsel und blauer Farbe schafft Ella Franczyk einen Hintergrund für den Wald. Das intensive Blau sorgt später für die richtige Tiefenwirkung.*

Oben links: *Die Details werden zum Schluss mit einem feinen Pinsel aufgemalt.*

Eine Kulisse entsteht

Die herrlichste Modellbahn wirkt nicht vor einer weißen Wand oder einer bunten Tapete. Ein stimmiger Hintergrund macht die Illusion einer Miniaturlandschaft dagegen perfekt. Wer gerne mit Pinsel und Farbe umgeht, einen Sinn für Größenverhältnisse besitzt und schon ein wenig Erfahrung in Sachen Landschaftsmalerei gesammelt hat, kann sich an die Kulisse der Modellbahn heranwagen.

Für die Epoche-III-Anlage hatten sich unsere Kulissenmalerin Ella Franczyk und das Modellbauteam darüber unterhalten, welcher Landschaftstyp auf der Anlage entstehen sollte. Es ging insbesondere darum, ob und an welchen Stellen Wald gepflanzt werden sollte, ob eine dicht besiedelte Region oder eine wildromantische Hügellandschaft angestrebt wurde. Solch eine Abstimmung ist wichtig, wenn die Kulissen- und Anlagengestaltung, wie in unserem Fall, parallel ablaufen.

Selbstverständlich kann der Hintergrund auch nachträglich entstehen. Auf der anderen Seite ergaben sich durch die Gleichzeitigkeit der Arbeiten viele Synergieeffekte.

Als Erstes stand der Gang zum nächsten Baumarkt an. Die Malerin hatte sich folgende Abtönfarben vorgestellt: Blau, Weiß, Grün, Gelb, Braun, Schwarz, Rot. Aus diesem Grundsortiment ließen sich erforderliche Zwischentöne herbeimischen. Was noch hinzukam, war ein Satz verschieden großer Pinsel aus dem Künstlerbedarf.

Etwas enttäuscht blickten diejenigen, die nicht ständig an der Anlage beschäftigt waren, ein paar Tage später auf das Zwischenergebnis der Malerarbeiten: Der Anlagenhintergrund war blau geworden. Blau und sonst nichts? Dies, so beschwichtigte die Malerin, sei erst die Grundierung. Zweimal sei der Blauton aufgetragen worden, dazwischen habe sie der Farbe zwei bis drei Tage Zeit gelassen, um gründlich durchzutrocknen.

Berge, Bäume und Häuser

Nach und nach kamen dann die Konturen der Hügellandschaft an die Wand. Sie wurden mit dem Pinsel zuerst leicht angedeutet und mit verschiedenen Braun- und Grüntönen bemalt, die sich der Anlagenlandschaft anpassten. Immer wieder hieß es warten, bis die jeweiligen Farbaufträge trocken waren.

Dort, wo später Wald zu sehen sein sollte, färbte Ella Franczyk den Hintergrund mit dunkelblauer Farbe nach, um Tiefe zu erreichen. Die entsprechende Bodenfläche bemalte sie dunkelgrün. Mit einem dicken Pinsel ließen sich die Laubbäume als Flecken abbilden. Die Stämme und Äste von Fichten oder Tannen heben sich dagegen als Striche ab.

Nachdem die Landschaft an der Wand erschaffen war, machte sich unsere Malerin darüber Gedanken, welche Plätze besiedelt sein könnten. So ganz ohne Spuren

***Mitte:** Verblüffend stimmig ist der Übergang von den echten zu den gemalten Häusern.*

***Unten:** Die passende Kulisse suggeriert eine ländliche, dünn besiedelte Landschaft.*

menschlicher Zivilisation wirkte das Ganze zwar schon sehr eindrucksvoll, ein paar Häuser und eine Burg würden das Gesamtbild jedoch erst so richtig abrunden. Die einzeln stehenden Gebäude wurden ganz zum Schluss mit einem feinen Pinsel in die Hintergrundlandschaft eingefügt. Letztendlich ergab sich ein verblüffend stimmiger Übergang vom Anlagenrand zur Kulisse. Grundsätzlich ist bei den Malerarbeiten darauf zu achten, dass mit zunehmender Entfernung Landschaftsbereiche eher verschwommen darzustellen sind. Was sich in der Nähe befindet, sollte dafür detaillierter und genauer gemalt werden. ▲

Eine Häuserzeile, gebaut aus den vorzüglichen Bausätzen von Pola und Faller. Alle Läden haben eine Inneneinrichtung erhalten.

Häuser mit Innenleben

Nicht sonderlich kompliziert ist das Zusammensetzen der allseits bekannten Hausbausätze. Diese sind mittlerweile auch in verschiedenen Schwierigkeitsstufen zu bekommen. So gibt es Gebäude mit bereits fertig zusammengefügten Wänden (Auhagen, Raumzellensystem) oder Bausätze, deren Teile nur zusammengeklipst werden. In jedem Fall sollte man den Bauteilen noch eine farbliche Behandlung angedeihen lassen, und zwar vor dem Zusammenbau. Das gilt vor allem für die Außenwände der meisten Gebäude, deren Farben nicht immer dem eigenen Geschmack entsprechen. Auf jeden Fall sollte jedoch der Kunststoffglanz abgemildert werden. Kleinteile, wie Geländer, Brüstungen, Kamine oder Lampen können auch noch später lackiert und angebracht werden.

Der Maler kommt

Die zu lackierenden Teile können zunächst am Spritzling verbleiben. Schnell und rationell geht es mit der Airbrushpistole. Als

Leider wirken die Kunststoffteile der Bausätze farblich alles andere als realistisch. Dies macht aber nichts, denn dem Modellbauer werden auf diese Weise einige weitere Stunden vergnüglichen Bastelspaßes gegonnt. Zudem entstehen dann individuelle Häuser. Die ersten Malerarbeiten nimmt man am besten direkt am Spritzling vor.

Farben eignen sich die bekannten Bastelfarben von Revell, Humbrol oder Tamiya (Kunstharz-Emaillelackfarben oder Acryl-Farben). Wasserfarben haften bisweilen weniger gut auf dem Kunststoff der Bausätze, es sei denn, es handelt sich um Ziegelbauten. Zum Hervorheben der Mauerfugen wird das Bauteil mit einem sehr hellen Grauton, aus Abtönfarbe gemischt, eingestrichen. Nach kurzer Zeit wird diese Farbschicht wieder mit einem fusselfreien Tuch entfernt. Nur in den Fugen bleibt etwas Farbe zurück. Ein leichter Schleier auf dem Bauteil wirkt optisch meist auch nicht schlecht. Die Farbe sollte recht dünn sein, damit man sie leicht wieder abwischen kann, aber auch nicht zu dünn, da sie sonst nicht haftet. Hier hilft nur Ausprobieren.

Mauer an Mauer

Für den Zusammenbau werden die Teile mit einem kleinen Seitenschneider aus dem Spritzling herausgetrennt. Angüsse entfernt man mit einem Messer und einer kleinen Feile. Das Bauprinzip ähnelt sich meistens. Man sollte sich in jedem Fall aber an die Anleitung halten. Hat man die Wände vor sich liegen, werden sie sogleich mit Fenstern, Türen und Zierrat komplettiert. Danach folgt das Aufstellen und Verkleben der Wände miteinander. Als Klebstoff kommen die speziellen Plastikkleber in der Tube, im Glas oder in der Kunststoffflasche in Frage. Sinnvoll ist die Anschaffung eines etwas dickflüssigeren Klebers für

Oben: *Wer eine Spritzpistole sein Eigen nennt, der kann mit Airbrush das Farbenspiel weiterführen.*

Mitte: *Die vom Spritzling mittels Bastelmesser abgetrennten Teile werden verklebt.*

Unten: *Zusammenfügen der gealterten Teile.*

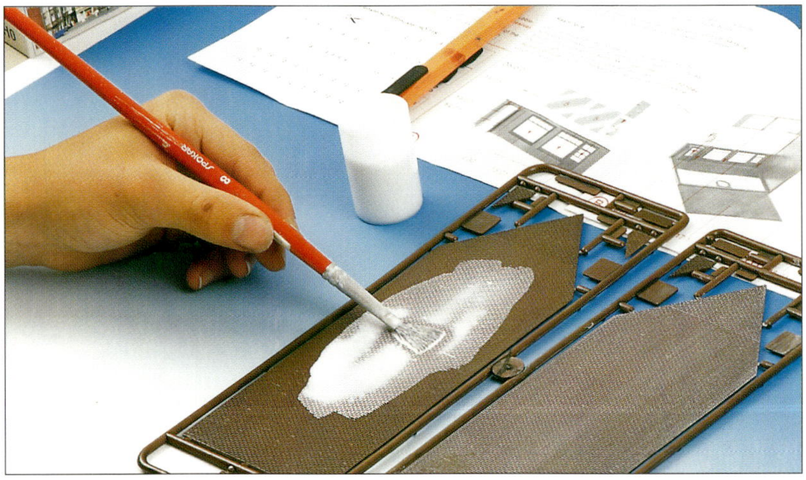

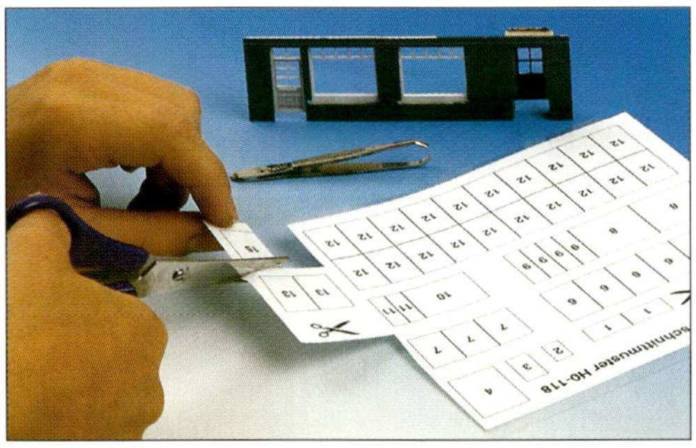

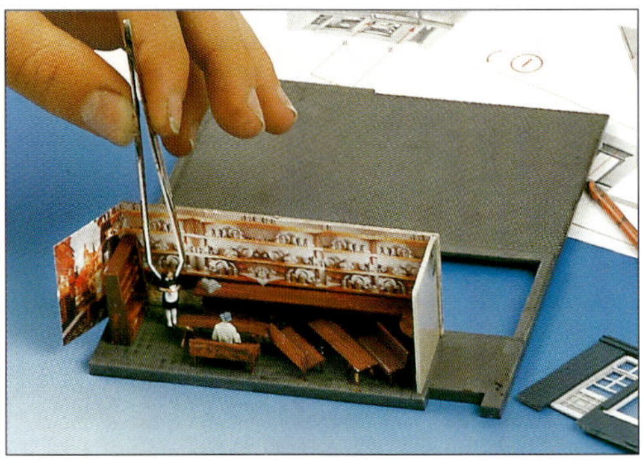

__Oben:__ Die Seitenwände sollen Klinkersteine darstellen. Die Fugen werden mit heller Farbe hervorgehoben. *__Darunter:__ Eine Inneneinrichtung für das Stadthaus entsteht.*

__Unten:__ Auch auf der Modellbahn bricht irgendwann einmal die Dämmerung herein. Damit dann auch in den Häusern die Lichter angehen können, wird eine Lichtmaske eingebaut. Sie verhindert den unkontrollierten Lichtaustritt zwischen den einzelnen Bausatzteilen.

großflächige Klebestellen und eines dünnflüssigeren für Kleinteile. Zum Schluss wird die Lichtmaske eingelegt und das Dach aufgesetzt. Erst wenn alle Gebäudeteile zusammengefügt sind, werden die restlichen Teile, wie z. Bsp. Uhren, Antennen, Regenrinnen und Fallrohre angebracht.

Variieren der Bausätze

Gründlich überlegen sollte man sich vor dem Bau, ob die meist viel zu große Grundplatte wirklich gebraucht wird oder ob sich das Gebäude nicht besser ohne diese in die Landschaft einbauen lässt. Die Hausbausätze bieten ein weites Betätigungsfeld, auf dem noch etliche Verfeinerungsarbeiten stattfinden können: Ladenausstattungen, Einsetzen von Figuren, Einrichtungen von Wohnräumen mitsamt raffinierter Beleuchtung. Genauso gut kann ein Gebäude aber auch mit Teilen aus anderen Bausätzen völlig umgestaltet werden (Kit-Bashing).

Bei einigen der Gebäude wurde die Lichtmaske nicht verwendet. Stattdessen bekam das Haus eine Innenverkleidung aus Karton. So können einzelne Räume separat ausgestattet und beleuchtet werden. Schließlich wirkt es sehr unnatürlich, wenn im gesamten Haus die Lichter brennen. Als Fenstergardinen kann man zum Beispiel Haushaltstücher, Taschentücher

oder bedruckte Servietten verwenden, von denen eine einzige, hauchdünne Lage abgenommen wird.

Innenleben

In Räumen, in die hineingeblickt werden kann, stellen Abbildungen von Möbeln, Tapeten und Böden die Einrichtung dar. Man kann sie beispielsweise aus alten Versandhauskatalogen herausschneiden. Sie werden einfach auf die Innenwände geklebt. Realitätsgetreuer wird die Fassade auch durch gekippte oder ganz geöffnete Fenster. Diese lassen sich mit den vorhandenen Bausatzelementen darstellen, da sie sich einfach mit einem scharfen Bastelmesser in die benötigten Teile zerlegen lassen. Eine Alterung kann man den Gebäuden ebenfalls zukommen lassen. Mit stark verdünnter, schwarzbrauner Farbe werden vor allem die Dächer behandelt. Die Wände erhalten vor allem in den unteren Bereichen Flecken aus verdünntem Weiß oder Hellgrau. Hier liefert das Vorbild die besten Anregungen. In der Landschaft wird das fertige Gebäude auf der vorgesehenen Stelle meist mit Kontaktkleber festgemacht. Eventuelle Spalten zwischen Untergrund und Hauswänden lassen sich mit sehr feinem Sand kaschieren, der mit einem Pinsel in die Fugen gekehrt wird. Eine dünnflüssige Wasser-/Ponal-Mischung fixiert den Sand anschließend. ▲

Kibri ging mit einigen Bausätzen einen neuen Weg. Statt Klebstoff sorgt eine einfache Steckverbindung für den Zusammenhalt der Teile.

Farblich verbessert werden sollte der Wasserturm aber auf jeden Fall.

Linke Seite unten: *Das farblich völlig überarbeitete Gebäude ergänzt nun als Schmuckstück die Häuserzeile.*

Unten: *Wie eine farbliche Gestaltung das Erscheinungsbild verändern kann, zeigen diese beiden Aufnahmen. Der zunächst probeweise aufgestellte* ***(links)*** *Wasserturm wurde mit Alterungsspuren versehen* ***(rechts)****.*

***Oben:** Eben ist auf Gleis 2 ein Eilzug eingefahren. Am Hausbahnsteig gibt es einen kleinen Familiendisput zu beobachten.*

***Mitte und unten:** Für den Treppenabgang entsteht eine Vertiefung, in die das Treppenstück eingepasst wird.*

Perfekte kleine Welten

Es muss sicher nicht extra betont werden, dass die kleine Welt der Modellbahnanlage erst dann so richtig lebendig wirkt, wenn Figuren und kleine Szenen zu sehen sind. Auf den Bahnsteigen des kleinstädtischen Bahnhofs tummeln sich Menschen. Sie warten auf ihren Zug, sind gerade mit Kind und Kegel ausgestiegen oder studieren den Fahrplan. In Epoche III sah man noch keine Kehrmaschinen. Also säubert ein Straßenkehrer in orangefarbener Arbeitskleidung den Bahnsteig. Auf den Bänken, zwischen Blumenkübeln und Reklametafeln am Bahnsteig der Gleise 2 und 3, haben Wartende Platz genommen.

Gefahrlos von Bahnsteig zu Bahnsteig

Damit das Modellvölkchen von Bahnsteig zu Bahnsteig gelangt, müssen wie beim Vorbild, wenn auch nur angedeutet, Treppen und Unterführungen vorhanden sein. Zu diesem Zweck bringt man im Bahnsteigboden mit einem scharfkantigen Werkzeug in der Größe des Treppenabgangs eine Vertiefung an. Ringsherum wird ein zierliches Geländer aus einem Bahnsteig-Zubehörset angebracht. Eine entsprechende Überdachung darf auch nicht fehlen.
Die zur Straße hin gewandte Seite des Empfangsgebäudes bietet sich ebenfalls dazu an, mit feinen Details ausgestattet zu werden. Wer in Epoche III eine Fernsprecheinrichtung sucht, findet sie in der Regel im Postamt oder am Bahnhof. Hier gibt es auch einen Taxistand, wo eine stilechte Limousine mit Stern auf betuchte Gäste wartet. Gleich um die Ecke finden sich diverse Obststände, wo Fieranten ländli-

Oben: *Nach und nach findet sich allerlei Volk bei den Obstständen ein. Mit einer Pinzette und etwas Fixogum an den Füßen werden die Figuren auf dem Kopfsteinpflaster positioniert.*

Mitte links: *Nun ist hier richtig was los. Eine Clown-Gruppe wirbt für ihren Zirkus, der demnächst in dem Städtchen gastieren wird.*

Mitte rechts: *Vor dem Bahnhofsgebäude wartet ein Taxi, gerade ist ein Fahrgast in Sicht. Ansonsten scheint es niemand eilig zu haben.*

Unten: *Beim Postamt. Für die einen ist Fenster-Putztag, für die anderen Zeit zum Turteln. Und ein Kaminkehrer bringt wohl allen vieren Glück.*

cher Herkunft frisches Gemüse feilbieten. Zur Unterhaltung dieser und der zahlreich erschienenen Kundschaft sind zwei Clowns in Aktion getreten. Auf der Epoche-III-Anlage bilden der Bahnhof und sein Umfeld das Zentrum. Hier ist etwas los, kann man Leute und Züge beobachten. Wer an seine Kindheit zurückdenkt, erinnert sich vielleicht daran, an der Hand von Vater oder Mutter das Bahnhofstreiben wachen Blickes richtig genossen zu haben.

Die kleine Lokstation

Ein anderer Anlagenschwerpunkt ist mit der kleinen Lokstation entstanden. Hier erhalten die Dampfloks ihren Kohlenvorrat und lassen ihren Wassertank befüllen. Die Kohlengrube ist besonders sorgfältig detailliert worden. Das umgebende Betriebsgelände wurde zuerst mit grüner Farbe grundiert. Als nächste Schicht wurde feiner Sand in Form von Asoa-Drainage-Material aufgebracht und mit einem Pinsel wieder von den Schienen gekehrt worden. Der Kohlestaub ließ sich mit Kohlepulver von Asoa nachahmen. Die Schlacke in der benachbarten Grube ist auch echt, sie wurde aus Zigarettenasche gewonnen, die ein befreundeter Wirt beisteuerte. Da die Gleise im Bw-Gelände nicht auf Böschungen verlaufen, ist nur wenig Schotter zu sehen. Obwohl viele Aktivitäten rund um den Dampflokbetrieb zu sehen sind, wirkt das Gelände insgesamt doch beschaulich. Die Lokstation liegt auch quasi mitten im Grünen. Bäume, meist Birken, säumen das Terrain und überall sprießt Gras. Die Zufahrtsstraße zu dem kleinen Bw entstand wieder mit Drainage-Material. Die feinen Körnchen halten auf dem Untergrund, weil sie mit verdünntem Leim getränkt wurden. Gibt man diesem Klebstoff noch etwas Farbe hinzu, lässt sich auch das Aussehen der bestreuten Fläche verändern. Vor dem Fixieren musste allerdings ein kleiner Lastwagen so oft hin- und herfahren, bis er genügend Reifenspuren auf der unasphaltierten Straße hinterlassen hatte.
Damit die nicht schienengebundenen Fahrzeuge auf dem Gelände des kleinen Bw ungehindert vorankommen, sind einfache Übergänge aufgeschüttet worden. Hierzu wurde Drainage-Sand an den betref-

Linke Seite oben: *Abschied: Zurückgebliebene winken dem eben ausfahrenden Eilzug nach.*

Linke Seite unten: *Aus der Vogelschau lässt sich das Gelände der kleinen Lokstation bestens überblicken. Dass Gestaltungselemente wie Kohlenstaub, Begrünung oder Schotter eine wichtige Rolle spielen, ist gut nachvollziehbar. Im Inneren des Lokschuppens erkennt man den Schließmechanismus für die Tore.*

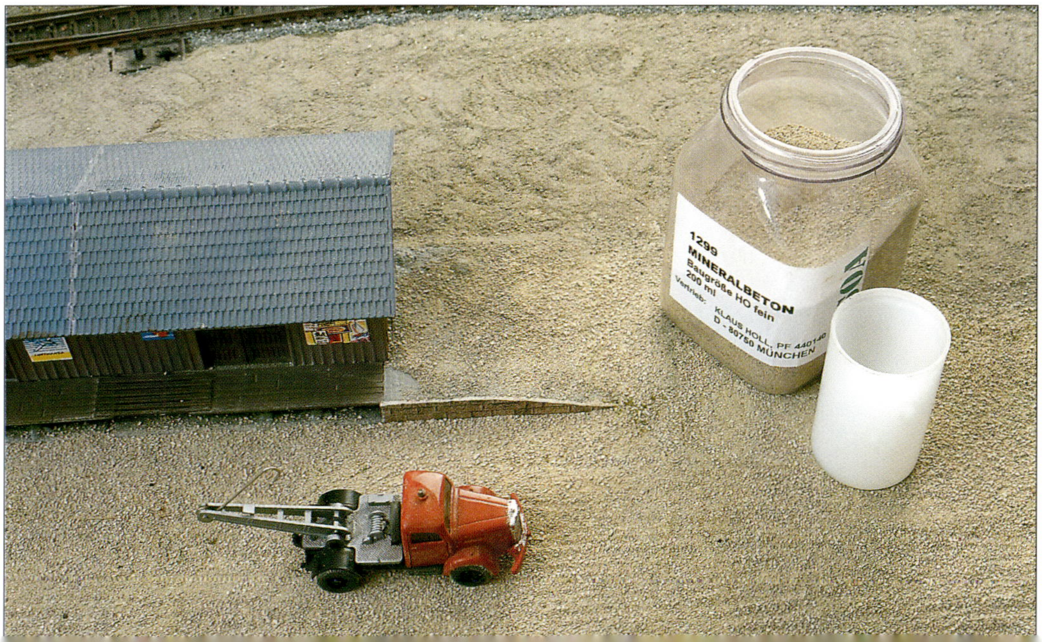

Mitte links: *Die Grundierung erfolgt mit Abtönfarbe. Anschließend kommt feiner Sand darüber. Auf dem Gleis sollten keine Steinchen liegen; daher kehrt ein weicher Pinsel das Material herunter* ***(Mitte rechts).*** ***Unten:*** *Ein Lkw sorgt für Reifenspuren.*

Linke Seite: *Das kleine Bw-Ensemble liegt vor den Toren der Kleinstadt, umfriedet von einem Eisenzaun, der aus einem Faller-Bausatz stammt.*

Links: *Die C-Gleise im Klein-Bw erhalten etwas Schotter, eine optische Aufbesserung, da der Bettungskörper vom Untergrund verdeckt wird. Im Bw-Gelände gibt es keine Böschungen.*

fenden Stellen bis auf Schienenniveau aufgeschüttet und mit verdünntem Leim fixiert. Problemloses Durchkommen gibt es auch für die Dampfloks, die in den zweiständigen Lokschuppen einfahren. Auf dem Weg hinein stoßen sie die Tore selbstständig auf. Sobald sie ihren Platz im Inneren gefunden haben, schließen sich die Tore wieder von selbst. Diese Ausstattung gehört zur Standardausrüstung des Lokschuppens.

Zäune aller Art

Das Betriebsgelände ist eingezäunt. Es handelt sich um einen schmiedeeisernen Zaun, der sicherlich regelmäßig gestrichen wird. Nirgendwo ein Rostfleck. In Epoche III hatte man noch Sinn, Zeit und Geld für solche Arbeiten.
Ein weiterer bemerkenswerter Zaun findet sich im Vordergrund des Bw. Er schützt Passanten und Fahrzeuge vor dem Sturz in die Tiefe. Wie auch oft beim Vorbild zu sehen, wurden hier abgelängte Schienenprofile zu stabilen Zaunpfosten umfunktioniert. Nachdem Löcher hineingebohrt wurden, konnten Drähte in Form von Nähzwirn eingezogen, an den Enden verspannt und mit Sekundenkleber befestigt werden.
Die Viehweide, unten an der Paradestrecke gelegen, erforderte wiederum eine andere Art von Zaun. Hier bilden kleine Holzstäbchen die Pfähle. Der Draht, er besteht aus

Mitte: *Nachdem Drainage-Sand und Kohlenstaub aufgetragen sind, fixiert verdünnter Weißleim den losen Untergrund.*

Unten: *Damit auch Straßenfahrzeuge die Schienen überqueren können, wurde der Kies bis zu den Schwellen aufgeschüttet.*

***Rechts:** Eben ist der Aufsichtsbeamte eingetroffen. Er begrüßt einen Eisenbahnerkollegen.*
***Mitte links:** Der Zaundraht aus Nähzwirn ist gespannt und wird mit Sekundenkleber befestigt.*
***Mitte rechts:** Eine Bahnhofslampe findet ihren Platz.*

***Unten:** Der fertige Zaun schützt vor dem Abgrund.*

Nähfaden, ist mit Sekundenkleber an den zuvor gebeizten Zaunpfählen angebracht worden. Diese werden in kleinen Löchern mit dem Untergrund verklebt.

An der Hauptstrecke

Der Verkehr an der zweigleisigen Paradestrecke ist sehr dicht. Immer wieder muss der Gleisbautrupp, der an der Hauptstrecke zu arbeiten hat, rechtzeitig vor den herannahenden Zügen gewarnt werden. Einer der Arbeiter postiert sich daher in ausreichend großer Entfernung, um bei Bedarf kräftig das Signalhorn zu blasen. Seine Kollegen und er sind über den provisorischen Bahnübergang an das bergseitige Gleis gelangt. Holzbohlen markieren den Überweg sowie ein Schild, das Unbefugten das Betreten untersagt. ▲

Oben: *Die Tore des filigranen Eisenzaunes stehen noch offen. Eben ist ein Pkw durchgefahren. Vor dem Lokschuppen hat sich eine 55 vom Kohlenkran mit frischem Brennstoff versorgen lassen.*
Mitte: *Schwerer Güterzug vor gemütlich grasenden Kühen. Durch den Durchlass kann das Quellwasser aus der Felswand abgeleitet werden.*

Unten: *Am Ladegleis hat sich ein Vorgesetzter seine Mannschaft zusammengerufen, um lautstark seinen Unmut darüber kund zu tun, dass die Holzstämme noch nicht verladen wurden. Güterverkehr muss funktionieren.*

Perfekt gealtert zeigt sich die 50 2448 vor ihrem nächsten Einsatz.

Bahnalltag: Rost, Staub und Ruß

Nachdem das Fahrwerk mit verschiedenen Farben kräftig eingedreckt wurde, ist nun das Putzen angesagt. Pinsel, Wattestäbchen und Feuerzeugbenzin helfen dabei.

Es ist soweit, die Ausgestaltung der Modellbahnlandschaft ist weitgehend abgeschlossen. Der Fuhrpark wartet auf seinen Einsatz. Doch kaum ist die erste Lok aus der Schachtel genommen und aufgegleist, kommen leise Zweifel auf. Wieso will die kleine Maschine nicht so recht in die Umgebung passen? Sollte es an ihrer Makellosigkeit liegen? Wie eine frisch restaurierte Museumslok wirkt die Baureihe 50 mit Kabinentender. Dabei war sie in Epoche III doch noch fast allgegenwärtig und immerzu im Betrieb. Im rauen Eisenbahnalltag sahen die Loks, wie Fotos aus der Einsatzzeit belegen, allerdings etwas anders aus als das schachtelfrische Modell. Die typischen Betriebsspuren fehlen. Sie lassen sich mittels Pinsel und Farbe anbringen. Das Altern einer Dampflok erfordert jedoch etwas Übung. Diese erlangt man durch das Patinieren eines einfacheren Modells, beispielsweise eines Güterwagens. Im Prinzip ähneln sich die einzelnen Arbeitsschritte.

Eine 50 frisch ab Werk

Verschmutzungsspuren sollten glaubwürdig wirken. Daher unterzieht man das Dampflokmodell zunächst einer Farbbehandlung, die den Ablieferzustand der Vorbildlok nachahmt. Diese Arbeiten konzentrieren sich auf das Fahrwerk. Radreifen, Nabe und Speichen bekommen einen roten Farbauftrag, ebenso die Bereiche des Rahmens und Umlaufs, die von Herstellerseite noch keinen roten Lack erhalten haben. Die Trittstufen lassen sich mit Seidenmattschwarz hervorheben. Geeignete Farben gibt es von Humbrol oder Revell. Steuerungselemente wie Treibstangen bestehen beim Modell aus nicht rostendem Metall und glänzen entsprechend vorbildwidrig. Abhilfe schafft ein Brüniermittel. Es lässt die Treibstangen nachdunkeln und kann bei Märklin-Modellen bedenkenlos angewandt werden, da die

besagten Bauteile nicht nur verchromt sind, sondern aus hochwertigem Stahl bestehen. Mehrmaliger Auftrag verstärkt den Effekt. Teile, die man optisch kaschieren möchte, zum Beispiel Kupplungsschächte oder Antriebsteile, werden mit mattschwarzer Farbe versehen.

Schmutz und Wasser

Aufgewirbelter Staub, Gleis- und Bremsabrieb sowie Ölreste – ein solcher Coktail überzog Gehäuse und Fahrgestell im Betrieb stehender Dampfloks. Hinzu kam der Ruß aus den qualmenden Schornsteinen. Er bildete eine mattschwarze Schicht auf der Kesseloberseite. Die Griffstangen, Lokschilder und Führerhausseiten wurden regelmäßig geputzt. Räder und Speichen waren dagegen nie schmutzfrei.

Oben: *Typisches Erscheinungsbild einer 50.*
Mitte: *Das Führerhaus erhält eine Rost- und Rußschicht verpasst.*

Rostspuren am Kessel und den Umlaufblechen werden mittels Pinsel aufgetragen ***(links und unten rechts).***

Unten links: *Mit Klarlack ahmt man kleine Wasserpfützen am Tender im Bereich des Wasser-Einfülldeckels nach.*

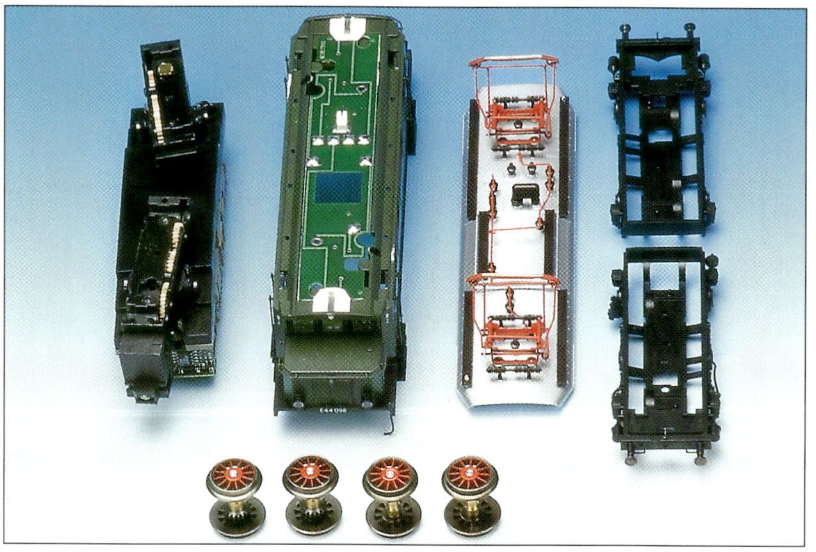

Oben: *Vor dem Altern wird die E 44 erst einmal in ihre wichtigsten Bauteile zerlegt.*

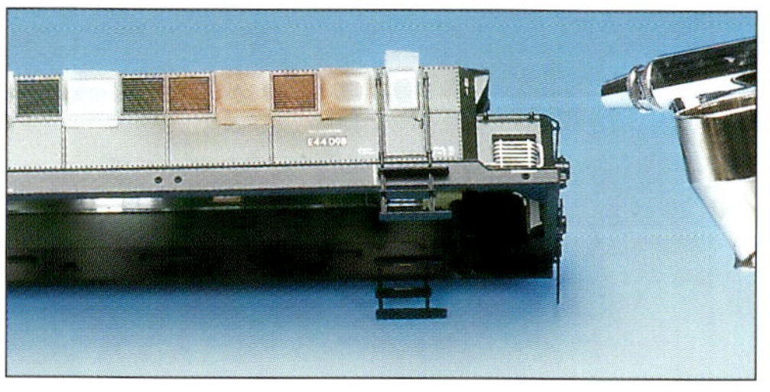

Rechts: *Altern mit der Spritzpistole. Die Fenster werden zuvor abgeklebt.*

Für den Alterungsvorgang mischt man sich eine geeignete Schmutzfarbe an. Sie setzt sich aus den Farben Schwarz, Gelbbraun und Rotbraun zusammen. Je nach Anteilen schimmert das Gemisch mehr rötlich oder mattschwarz. Vorbildaufnahmen geben darüber Aufschluss, welcher Farbton an welcher Stelle geeignet ist. Ein Test auf hellem bzw. dunklem Untergrund verrät nach kurzer Zeit, welche Nuance angemischt wurde. Der Farbauftrag geschieht mittels Pinsel. Bei größeren Flächen kann man zur Airbrushpistole greifen. An Stellen, die nicht verdreckt sein sollen, wird die Schmutzfarbe mit einem Wattestäbchen, das zuvor in Feuerzeugbenzin getränkt wurde, wieder abgewischt.
Kleine Kohlebröckchen und Kohlestaub, die während des Bekohlungsvorgangs auf dem Tender landen, lassen sich mit dünnflüssiger mattschwarzer Farbe am Wasserkasten anbringen. Mit derselben Farbe erhalten die Tenderseiten ihr staubiges Aussehen. Am Kessel machen sich dagegen Regenverlaufsspuren gut. Sie kommen zustande, wenn zuerst mit einem Pinsel quer zur Kesselachse Schmutzfarbe aufgetragen und anschließend mit einem festen Flachpinsel in derselben Richtung wieder abgebürstet wird. Nochmals kommt Schmutzfarbe hinzu, diesmal auf dem Kesselscheitel und an der Unterseite. Hier legt sich Flugrost nieder, der vom Fahrwerk her aufgewirbelt wird. Um den richtigen Farbton zu treffen, muss die Schmutzfarbe neu, diesmal mit rötlicherem Einschlag, angerührt werden. Der Ruß am Schornstein entsteht mit Mattschwarz. Übergänge lassen sich am besten mit der Spritzpistole darstellen. Noch lebendiger erscheint die Dampflok, wenn Stellen, die stets in Wasserdampf gehüllt sind, entsprechend glänzen. Dieser Effekt kommt mit Hilfe eines glänzenden Klarlacks zustande.

Mit Pulver und Farbe – Schmutzspuren an einer E 44

Bevor dem Märklin-Modell der E 44 098 ein Alltagsgewand angepasst wird, muss es in die wichtigsten Baugruppen zerlegt werden. Als Erstes nimmt man das Lokgehäuse vom Fahrgestell ab. Wie das geht, verrät die Betriebsanleitung. Anschließend wird das Dach abgeschraubt. Fahrgestell und Drehgestellblenden sollten ebenfalls voneinander getrennt werden. Zunächst erhalten die Schalter und Isolatoren am Dach einen roten Farbauftrag. Dies entspricht dem Ablieferungszustand der Vorbildlok. Mit hellem Rostrot entstehen die Ablagerungen von Flugrost an den seitlichen Lüftergittern. Um die Fenster zu schützen, sollte man diese mit Maskierfolie abkleben, die sich jederzeit wieder ablösen lässt. Der Lokkasten und Vorbau werden nach kurzer Antrocknungszeit mit Wattestäbchen und Feuerzeugbenzin wieder weitgehend von rostroter Farbe befreit. Flugrost ist vor allem an den Lüftergittern und Metalltritten deutlich zu sehen. Hier lagert er sich beim Vorbild besonders gut ab. Eine sehr realistische Wirkung versprechen Pulverfarben, beispielsweise von Asoa. Sie werden mit einem dicken weichen Pinsel sparsam aufgetragen. Eine bleibende Fixierung der Farbpigmente ist mit Klarlack-Spray möglich.

Staub auf Dach und Drehgestell

Altert man die Dachpartie der E 44, so gilt das Augenmerk den Stromabnehmern und

den seitlichen Dachrändern. Schmutzfarbe nebelt die Pantographen vorbildgetreu ein. Diesmal setzt sich das Gemisch aus Schwarzbraun und einigen Tropfen Dunkelgrau zusammen. Allerdings sollte das ursprüngliche Rot noch etwas durchscheinen. Daher kann die Schmutzfarbe teilweise wieder abgerieben werden. An den Dachrändern zeigen sich gern Regenwasserspuren. Am Modell wird dieser Effekt sichtbar, wenn nach dem Aufbringen der Schmutzfarbe mit einigen herausgezogenen Härchen eines Wattestäbchens von oben nach unten gewischt wird. Die dunkle Schmutzfarbe passt auch für die Drehgestellblenden.
Zum Abschluss der Alterung überzieht man Vorbauten und Dach mit einer hauchdünnen Schicht Schmutzfarbe. Die Intensität des Farbauftrags richtet sich nach dem gewünschten Verschmutzungsgrad. Die Vorbildloks der Baureihe E 44 wurden zu ihrer Zeit zwar relativ gut gepflegt. Ein längerer Aufenthalt fern der heimatlichen Dienststelle und auf den Strecken im gebirgigen Raum hinterließ aber auf jeden Fall seine Spuren. Und dies dann noch recht ordentlich. ▲

Vor allem im Bereich der Drehgestelle und auf den Pufferbohlen findet sich reichlich Rost. Für dessen Nachbildung werden Pulverfarben verwendet.

***Mitte:** Das perfekt gealterte Modell der Baureihe E 44.*

***Links:** Zwei im Dauereinsatz stehende und daher entsprechend „dreckige" Lokomotiven begegnen sich. Die Dampflok der Baureihe 44 wurde analog zu den für die Baureihe 50 geschilderten Arbeiten gealtert. Die E 44 ist mit einem Ganzzug fabrikfrischer VW-Käfer unterwegs.*

Mit dem Feldstecher blickt dieser wohl von der 01.10 besonders angetane Zeitgenosse hinüber zum Bahndamm ***(oben)****. Er wird nicht lange auf den nächsten Zug warten müssen. Dieser nähert sich bereits in Gestalt einer Übergabe, gezogen von einer V 100, aus der Gegenrichtung* ***(unten)****.*

Das Ziel: Lust am Fahren

Jetzt ist die Zeit aber reif, die Anlage endlich in Betrieb zu nehmen. Auch wenn das „L" noch nicht fertig gestellt ist. Dass die Anlage erst in einigen wenigen Details perfekt durchgestaltet ist, macht uns auch Kopfzerbrechen. Denn schließlich wollen wir in den kommenden Wochen und Monaten nicht nur fahren, sondern auch weiter basteln und bauen. Nun steht aber erst einmal purer Fahrspaß auf dem Programm, die Lust am Fahren. Denn selbst die noch so vergnüglichen Stunden des Sägens, Gipsens, Schotterns und Begrünens können die Freude am Fahren nicht ersetzen. Zuvor ist jedoch großes Reinemachen angesagt. Alle Gleise werden mit speziellen Reinigungshilfen gründlich geputzt. Sämtliche Anschlüsse sind nochmals akribisch überprüft worden und der prickelnde Moment, den ersten vorbildgetreuen Zug

über die gestaltete Anlage fahren zu sehen, rückt näher und näher. Freilich standen zuvor auch einige Testfahrten routinemäßig an, doch dabei kamen höchstens bunt zusammengewürfelte Kurzzüge oder einzelne Lokomotiven zum Einsatz.

Der Eröffnungszug rollt an

Die Ehre, den Eröffnungszug unserer Epoche-III-Anlage zu bespannen, fällt einer 01.10 zu. Am Haken hat sie einen Schnellzug mit den herrlichen blauen und grünen Wagen dieser wohl eindrucksvollsten Ära. Mit dabei ist auch der Halbspeisewagen aus der Premium-Startpackung. Und schon macht sich der Zug mit leisen Rollgeräuschen bemerkbar. Er wird gleich den Schattenbahnhof verlassen und aus einem der beiden versetzt gestalteten Tunnelportale rollen. Bislang ist alles gut gegangen. Die erste Runde über die Hauptstrecke wird noch von kleinen Ruckern unterbrochen. An einigen Stellen ist den Reinigungskräften wohl doch noch etwas Schmutz entgangen. Nun rollt der Schnellzug mit seiner 01.10 und den sieben kurzgekuppelten Wagen nach einer Kehre im verdeckten Bereich erstmals „richtig" über die große Steinbrücke. Ein wirklich schöner Augenblick, der in der Tat ein gewisses Glücksgefühl auslösen kann. Freudigen Blickes verfolgen wir die weitere Fahrt über die

Oben: *Ziel des kurzen Güterzuges ist ein Trennungsbahnhof. Hier mündet eine weitere Nebenlinie, von einem Endbahnhof kommend ein. Zwischen der zweigleisigen Hauptstrecke und den beiden Nebenlinien besteht eine Verbindung (siehe Gleisplan auf den Seiten 38 und 39). Somit können Züge, die nicht von einer Ellok gezogen werden, auf allen Strecken verkehren.*

Links: *Währenddessen rollen eine E 03 mit einem D-Zug und eine E 40 mit einem Leerwagengüterzug über die Hauptstrecke.*

Oben: Mit verminderter Geschwindigkeit erreicht die Übergabe die Einfahrtsweichen des Bahnhofes.

Unten: Die Fahrstraßen werden mit dem Memory geschaltet. Da am Hausbahnsteig bereits ein GmP wartet und auf Gleis 2 in Kürze ein Eilzug Einfahrt erhalten soll, wird der Güterzug auf Gleis 3 geleitet.

elegant trassierte Strecke. Bald darauf sind weitere Garnituren im Schattenbahnhof aufgereiht und nach und nach über die Hauptbahn gefahren. Die E 40 hat einen langen, gemischten Güterzug mit 21 Wagen an die Kupplung bekommen. Und die E 03 ist mit einem Schnellzug auf die Reise über die Anlage geschickt worden. Nachdem die Hauptbahn anscheinend ohne Probleme funktionsfähig ist, soll nun auch die Nebenbahn von den ersten Zügen befahren werden. Ein kurzer Güterzug ist im Schattenbahnhof aufgegleist worden.

Güterzug auf der Nebenbahn

Die Fahrt über die Hauptstrecke verläuft beschaulich. Der kurze Zug verliert sich fast auf der langen Paradestrecke. Der unterirdisch verlegte Abzweig zur Nebenbahn wird mittels Reedkontakt und einem Magneten, der auf der Unterseite der Lok befestigt ist, geschaltet. Mit im Spiel ist nun das Memory. Obwohl die Anlage auch über einen PC gesteuert werden kann, werden wir uns zunächst, und das werden wohl die meisten Märklinisten tun, mit dem

***Oben:** Dank der auf maximal eingestellten Bremsverzögerung rollt die V 100 vorbildgerecht langsam bis kurz vor das geschlossene Formsignal, wo sie zum Stehen kommt.*

***Unten:** Auf den Eilzug müssen die Reisenden nicht mehr lange warten. Mit einer V 160 an der Spitze rollt der aus Umbauwagen gebildete Zug gleich in den Bahnhof ein. Am Stumpfgleis, das gelegentlich auch als Ladegleis verwendet wird, steht eine 50 mit Kabinentender. Sie hat einen Leerwagenzug zum Schotterwerk gebracht, welches sich am Endbahnhof der anderen Nebenbahn befindet. Da die Beladung aber einige Tage dauern wird, soll die Maschine in Kürze als Lokzug die Heimreise antreten.*

Oben: *Der Eilzug ist am Bahnsteig 2 zum Stehen gekommen. Einige Reisende steigen auf den am Gleis 1 wartenden GmP um. Ein Rangierer hat inzwischen die V 100 vom Güterzug abgekuppelt.*

Unten: *Schon begibt sich die V 160 mit ihren drei Umbauwagen wieder auf die Strecke.*

Memory beschäftigen. Mit diesem überaus nützlichen Gerät lassen sich viele Funktionen auf der Anlage in gewisser Weise automatisieren. Trotzdem ist der Modellbahner noch hautnah an der Anlage dran. Er hat zuvor die möglichen Fahrstraßen in dem Bahnhof programmiert. Je nach gewünschter Betriebssituation wird per digitalem Knopfdruck am Memory gefahren.

Kinderleicht programmieren

Denkbar einfach ist das Programmieren des Gerätes. Einige wenige Tasten werden gedrückt, und schon ist die erste Fahrstraße gelegt. „input" und dann eine Nummer der möglichen Fahrstraßen zwischen A1 bis C8 eingeben. Nun tippt man am Keyboard die Schaltbefehle für die Magnetartikel (Weichen, Signale) in der gewünschten Reihenfolge ein. Diese Informationen werden an das Memory übermittelt. Nach erfolgter Eingabe des letzten Schaltbefehls wird die Programmierung am Memory durch das Drücken der Taste „end" abgeschlossen. Insgesamt können bis zu 24 Fahrstraßen gespeichert werden. Dabei kann jede dieser Fahrstraßen bis zu 20 Schaltbefehle beinhalten. Ein

sehr nützliches Hilfsmittel ist der Programmierbogen. Hier werden die gewünschten Befehle schriftlich festgehalten. Ein Dokument, welches bei späteren Umbauten oder Veränderungen der Anlage sehr gute Dienste erweisen kann. Nach dem Programmieren der Fahrstraßen wird gleich überprüft, ob die Eingaben das erhoffte Ergebnis nach sich ziehen. Ein Knopfdruck z. Bsp. auf A1 genügt, und schon klacken die Weichenantriebe und die Position der Formsignale verändert sich. Sinnvoll ist es, eine unter A1 gelegte Fahrstraße mit B1 wieder aufzulösen oder gar eine gegenteilige Befehlsfolge festzulegen. So könnte z. Bsp. auf A1 ein Zug auf Gleis 2 einfahren und ein freies Ausfahrsignal am Ende des Bahnhofs antreffen. Beim Druck auf B1 würde hingegen die Ausfahrt verwehrt bleiben. Um die Ausfahrt dennoch freizugeben, könnte dann A1 aktiviert werden oder die entsprechende Taste auf dem Keyboard, welche die beiden Signalstellungen interpretiert. Ein wichtiges Hilfsgerät für das Memory ist das Rückmeldemodul s 88. Es kann z. Bsp. Informationen von einem Schaltkontakt weiterleiten, die vom Lokschleifer ausgelöst wurden. Denkbar ist auch die Verwendung des Reedkontaktes.

Einfahrt auf Gleis 3

Nun ist der kurze Güterzug in der Anfahrt auf den Bahnhof. Da Gleis 1 besetzt ist, auf Gleis 2 in Kürze ein Eilzug einfahren wird, bleibt nur noch Gleis 3 übrig. Ein kurzer Knopfdruck auf B3 ermöglicht dem langsam anrollenden Zug die Einfahrt in das dritte Gleis. B3? Jawohl. Da auf der eingleisigen Strecke bereits ein Gegenzug unterwegs ist, haben Fahrdienstleiter und Stellwerker dem einfahrenden Güterzug die Weiterfahrt kurzerhand untersagt. Diese Information hat der Lokführer aber bereits seit dem Passieren der Einfahrsignale, die sich unterhalb der Bogenbrücke befinden: Die Scheibe des Vorsignals bleibt in ihrer senkrechten Position. Beim Druck auf A3 wäre die Scheibe des Vorsignals in eine waagerechte Position gefallen und hätte dem Personal auf der V 100 die freie Durchfahrt signalisiert. Wie man mittels PC den umfangreichen Fahrbetrieb managen kann, ist ab Seite 128 zu erfahren. ▲

Nun hat auch der GmP, er ist aus einem leeren Containertragwagen und zwei dreiachsigen Umbauwagen gebildet, auf der Fahrt zum nahe gelegenen Endbahnhof der Stichstrecke. Zum gleichen Zeitpunkt darf die mächtige Dampflok der Baureihe 10 mit einem Schnellzug über die Hauptstrecke donnern.

Oben: *Nach kurzem Rangieraufenthalt kehrt die V 100 mit zwei beladenen Güterwagen zurück. Die beiden Umbauwagen sind für den abendlichen Personenzug im Endbahnhof geblieben. Auf dieser Stichstrecke verkehren nur zwei Zugspaare im Personenverkehr. Im Güterverkehr hingegen wird die Strecke nach Bedarf bis zu dreimal bedient.*

Unten: *Gleich nach der Ankunft im Bahnhof werden einige Güterwagen rangiert und ein Nahgüterzug gebildet.*

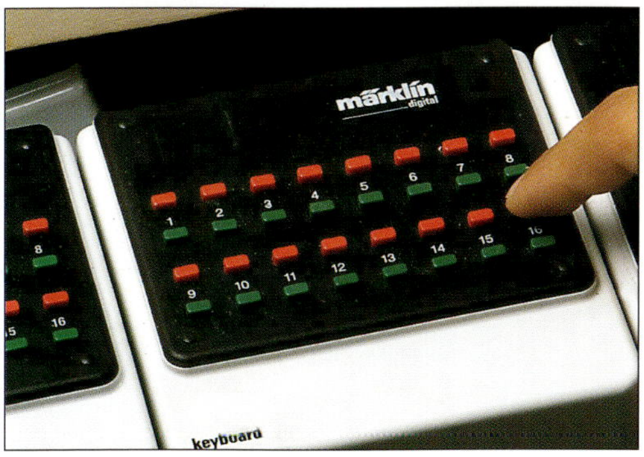

Oben links und darunter: *Um all die Rangierfahrten, Ein- und Ausfahrten aus dem Bahnhof durchführen zu können, bedarf es der Hilfe des Memorys. Hier wurden die Fahrstraßen eingegeben. Sie können je nach der gewünschten Betriebssituation durchgeschaltet werden.*

Oben rechts, Mitte und unten: *Die V 100 hat inzwischen ihre drei Güterwagen auf die Ladegleise verteilt. Sie wird dann als Lokzug zum Endbahnhof fahren und die beiden Umbauwagen als Kurswagen für einen Eilzug bereitstellen. Die andere V 100 hat ihren Nahgüterzug zusammengestellt und macht sich zusammen mit der 50 auf den Weg, die als Vorspannlok dem Nahgüterzug beigegeben wird, um eine Leerfahrt einzusparen.*

Fahren und Schalten mit dem PC

Sehr viele Haushalte verfügen heute über einen Personal Computer. Was also liegt näher, als die moderne Technik auch zur Steuerung der Modellbahn zu verwenden? Dafür benötigt man keineswegs die neueste Computergeneration. Für die Steuerung mit WinDigipet von Modellplan genügt ein PC mit einem Pentium-Prozessor, der eine Taktrate von mindestens 200 Megahertz aufweist. Der Arbeitsspeicher muss 64 Megabyte umfassen, bei Großanlagen empfehlen sich 128 Megabyte. Auf der Festplat-

__Oben:__ Kurz nachdem der Nahgüterzug die zweigleisige Hauptbahn in Richtung Schattenbahnhof erreicht hat, folgt bereits der nächste Güterzug, bespannt mit einer V 188.
__Rechts:__ Der Eilzug mit der V 160 hat seine Runde gedreht und verlässt nach kurzem Zwischenstopp wieder den Bahnhof.

te schluckt WinDigipet 20 Megabyte Speicherplatz. Als Betriebssystem eignen sich alle Versionen ab Windows 95. Wichtig ist zudem ein guter Bildschirm, der zum einen als Auflösung mindestens 800 mal 600 Pixel bietet, zum anderen die Einstellung High Color (16 Bit) ermöglicht.
Für die Epoche-III-Anlage wählten wir ein modernes Basisgerät, dessen Herz, ein Duron-Prozessor von AMD, mit 950 Megahertz Arbeitstakt schlägt. 256 Megabyte Arbeitsspeicher und das Betriebssystem Windows ME lassen Spielraum für zukünftige Erweiterungen und Updates. WinDigipet 8.0 lief auf diesem Gerät während der Installation, im Probe- und Anlagenbetrieb fehlerfrei. Bei Problemen kann man neben dem sorgfältig editierten Handbuch und der kompetenten Hotline auf ein sehr gutes Forum im Internet (www.windigipet.de) zurückgreifen, das fachlich höchst versiert auf Schwierigkeiten der Anwender eingeht.

Steuern im Alleingang

Mit dem Programm lässt sich ein umfassender Mehrzugbetrieb auch auf einer mittelgroßen Modellbahn wie unserer Epoche-III- Anlage im Alleingang steuern. Dabei überwacht der Computer die Positionen der Züge, indem er deren Bewegungen über die Rückmeldekontakte entlang zuvor definierter Gleisabschnitte verfolgt. Die Computersteuerung gestattet Betrieb nach Fahrplan oder Fahren mit Anforderungskontakten - das digitale Gegenstück zur Relaissteuerung. Beim Einsatz konventioneller Technik sind solche Abläufe nur mit aufwändiger Elektronik zu realisieren. Auf der digitalisierten Märklin-Anlage genügt es dagegen, die nötigen Rückmeldekontakte einzubauen.
An allen Stellen, an denen etwas geschehen soll, müssen Rückmeldekontakte vorhanden sein, damit der Zug beispielsweise bremsen, halten oder ein Signal schalten kann. Es schadet also nicht, schon in der Planungsphase möglichst viele Kontakte vorzusehen. Zudem ist es viel einfacher, zwei Kabel zu einem Kontakt zu verbinden, als später wieder die Schienen zu trennen. Je lückenloser die Überwachung der Gleise ausfällt, desto sicherer arbeitet

später die Automatik. Die durchschnittliche Kontaktstrecke sollte 50 bis 100 cm messen. Abschnitte unter 30 cm machen dagegen wenig Sinn. Beim Verlegen der Gleise schließt man die Rückmeldekontakte am besten gleich mit an. Dazu genügt es, einen der beiden Schienenstränge zu isolieren und ein Kabel anzuschließen. Wir wählten Kabel mit grünem Mantel, um Verwechslungen mit anderen Kabeln des Märklin-Systems zu vermeiden. Am einfachsten geht die Isolierung beim Einsatz des K-Gleissystems vonstatten. Mit Ausnahme der normalen Weichen und der Kreuzung sind die Schienenprofile ab Werk gegeneinander isoliert. Um die Fahrschienen beim

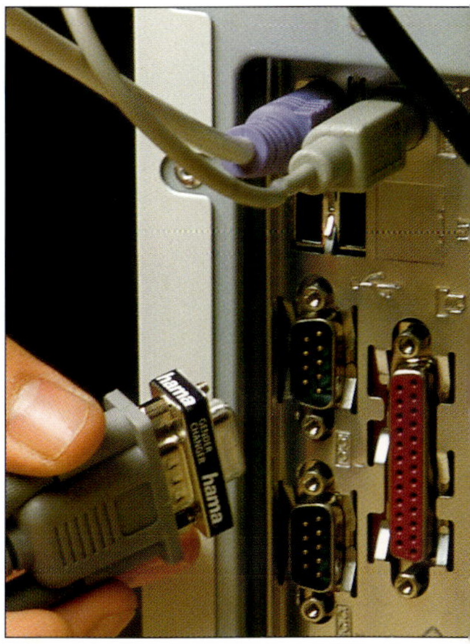

Oben: *Der PC ist mit dem Interface verbunden worden. Er stellt eine Alternative zum Betrieb mit den klassischen Geräten aus dem Hause Märklin dar. Freilich wird nicht jeder Geschmack am PC finden. Gerade große Schattenbahnhöfe lassen sich jedoch sehr gut mit seiner Hilfe überwachen.*

Mitte: *Anschluss an den PC mittels eines Adapters.*

Unten: *Das Programm wird gestartet.*

Der Gleisplan der Paradestrecke und des Schattenbahnhofes der Ebene C sind am Bildschirm aufgerufen worden.

C-Gleis elektrisch zu trennen, muss man die unter dem Schotterbett verborgenen Verbindungen unterbrechen. Recht aufwändig gestaltet sich die Isolation der C-Gleisweichen, weshalb es sich empfiehlt, in der Planungsphase zu prüfen, ob der spätere Betrieb wirklich einen Kontakt über die Weiche hinweg erfordert.
Überhaupt ist es sinnvoll, die Abläufe schon in der Planungsphase gründlich zu überdenken, lassen sich doch so die Kontakte geschickter platzieren. Generell besteht jeder Block, jedes Bahnhofsgleis aus mindestens zwei Abschnitten. Lange Blöcke können auch drei bis vier Abschnitte aufweisen. Direkt vor dem Signal befindet sich der Stoppkontakt. In der Regel folgt er einem Haltekontakt. In Fahrtrichtung passiert der Zug also zumindest Blockkontakt, Haltekontakt und Stoppkontakt. Werden Gleise in beide Richtungen genutzt, befinden sich die Stoppkontakte vor den Signalen in der jeweiligen Fahrtrichtung. Zusätzliche Bausteine benötigt man nicht.
Die Rückmeldemodule s 88 hängen beim Märklin-System direkt am Interface. Das Buskabel verläuft von Baustein zu Baustein, von denen ein jeder durch diese Reihenfolge seine Nummer erhält. Der direkt am Interface angeschlossene Rückmelder trägt folglich die Nummer 1. Dem Interface liegt ein Kabel mit einem DIN-Stecker, der in die Buchse am Interface gehört, und einem neunpoligen Stecker für die COM-1-Schnittstelle des Computers bei. In unserem Fall war die passende Schnittstelle bereits belegt. Dafür suchten andere Schnittstellen noch Arbeit. Im Fachhandel erwarben wir für wenig Geld einen Adapter. Fortan verstanden sich Computer und Interface prima.

Bekanntschaft schließen

Natürlich muss der Computer erfahren, welches Gerät an welcher Schnittstelle hängt. Unter der Schaltfläche „Digitalsystem" im Menü „Systemeinstellungen" gilt es daher, den Computer umfassend aufzuklären. Doch keine Angst, das geht einfacher, als viele denken. Welche Schnittstelle man belegt hat, weist das Computer-Handbuch aus. Die automatische Vorgabe lautet COM 1, doch kann dies, wie gezeigt, nicht immer beibehalten werden. Die Übertragungsgeschwindigkeit beträgt grundsätzlich 2400 Baud. Auch die angeschlossenen Rückmeldemodule vermag Kollege Computer nicht selbst zu zählen. Leuchtet am Ende eine grüne Anzeige, hat man die erste EDV-Prüfung bestanden.
Am einfachsten lassen sich alle Einstellungen im Fahrbetrieb überprüfen. Doch bevor die erste Märklin-Lokomotive ihre Runde drehen kann, erwartet der PC weitere Informationen. Dabei interessiert es ihn wenig, ob man eine 44 oder eine E 44 einsetzt. Er möchte deren Digitaladresse wissen, zugleich etwas über den eingebauten Decoder erfahren. Die Eingabe erfolgt über die Schaltfläche „Lokomotiven-Daten-

Fahren per Mausklick. Die Fahrt des Güterzugs mit der E 40 wird vom PC überwacht und gesteuert.

bank". Eine Besonderheit gilt es zu beachten: WinDigipet akzeptiert die Adresse 68 nicht, da es sie für interne Zwecke benötigt. Neben der Adresse und dem Decodertyp erwartet der Computer Angaben zu den Fahreigenschaften der Lok. Die Abstimmung der Einstellungen im Programm und am Lokdecoder erfordert in seltenen Fällen etwas Fingerspitzengefühl. Wichtig ist, die Bremsverzögerung so zu justieren, dass die Lokomotiven vor jedem Haltsignal zuverlässig zum Stehen kommen. Dies gilt es aber auch im normalen Digitalbetrieb zu berücksichtigen, nicht nur auf computergesteuerten Anlagen. Als besonderen Service bietet das Programm an, die Einhaltung der Instandhaltungszyklen zu überwachen. Wer in dem entsprechenden Feld die Zahl der zulässigen Betriebsstunden notiert, bekommt einen diskreten Hinweis, wenn die Lok in das Bahnbetriebswerk muss: Auf dem Fahrpult zeigt sich eine Ölkanne.
Das Fahrpult befindet sich rechts im Fenster und erinnert vom Aufbau her an die Control Unit. Drehregler und Taster reagieren auf Mausbefehl. Allerdings darf eine mit WinDigipet gesteuerte Lokomotive nicht zuvor über die Control Unit aufgerufen worden sein. Ansonsten ignoriert sie die Befehle des Computers und gehorcht nur der Märklin-Digitalzentrale. Im Modellbahnalltag wird die Control Unit kaum noch benötigt. Empfehlenswert ist es aber, sie neben Tastatur und Maus zu platzieren, da man im Falle eines Falles schneller die rote „stop"-Taste drückt als die passende Schaltfläche auf dem Bildschirm anklickt oder die Taste F 9 am Keyboard des Computers findet. Zudem können unvermittelt gewünschte Rangierfahrten im Bw oder im Güterbereich nebenbei mit der Control Unit 6021 durchgeführt werden.
Nachdem die Probefahrt gezeigt hat, dass WinDigipet fehlerfrei funktioniert und auch die Lokomotiven kennen gelernt hat, geht es an die Eingabe des Gleisplanes. Schließlich gehört das Programm zu den Alleskönnern, das heißt, es steuert die Lokomotiven und übernimmt die Funktion des Stellwerks. Um in das Stellwerk zu gelangen, klickt man die Schaltfläche „Gleisbild-Editor" an. Das Zeichnen des Gleisplanes geschieht ähnlich wie beim kleinen Bruder von WinDigipet, dem Märklin-Programm Comboard. Dessen Funktion wird ausführlich im Märklin-Buch „*Digital-Praxis bei H0-Modellbahnanlagen*" von Thomas Rietig beschrieben, das in der gleichen Edition erschien wie der vorliegende Band. Deswegen beschränken wir uns hier auf das Wesentliche.

Jedes auf den Schienen befindliche Fahrzeug wird dank der eingebauten Kontakte sofort auf dem Bildschirm sichtbar. Selbst im Bw lassen sich die Abläufe automatisch koordinieren. In der Regel werden aber gerade hier auch weiterhin die meisten Modellbahner ihre Hand am Regler der Control Unit haben wollen. Die Fahrstraßen zu den drei Gleisen im Bw lassen sich auch mit dem Memory schalten.

Gleisplan eingeben

In ein Raster, das waagerecht und senkrecht zwischen 20 und 200 Felder umfassen kann, trägt man vorgegebene Gleissymbole ein. Sie kennzeichnen gerade und gebogene Gleise, Abzweigungen, Kreuzungen, Gleisstücke mit daneben stehenden Signalen und Entkupplungsgleise. Mit Hilfe dieser Symbole entsteht ein Gleisplan, der den Plänen in Gleisbildstellwerken der Bahn ähnelt. Abweichend von den meisten Einrichtungen beim großen Vorbild gestattet WinDigipet auch die Erfassung der Zugnummern, die identisch mit der Lokadresse sind. An passenden Stellen, beispielsweise vor Signalen, platziert man das Zugnummernfeld im Gleisplan. Steht ein Zug vor dem Signal, genügt es, das Zugnummernfeld anzuklicken. Auf dem Monitor erscheint das Steuerpult für diese Lok, sodass der Spielbetrieb sofort beginnen kann. Nutzt der Zug einen von Hand gestellten Weg, braucht der Computer zum Schluss allerdings etwas Hilfe, da das Zugnummernfeld des Zieles die Lok nicht automatisch erkennt. Die Maus bringt Ord-

Das Blocksignal zeigt Halt, denn vor wenigen Augenblicken ist ein Güterzug in den Tunnel eingefahren. Erst wenn dieser einen bestimmten Kontaktpunkt überfahren hat, erlaubt der PC wieder eine Durchfahrt an diesem Hauptsignal.

nung ins System. Das Fahrstraßenprogramm meldet dagegen die Zugnummer vor.
Im Menü „Erfassung" des Gleisbild-Editors befindet sich die Schaltfläche „Magnetartikel-Adressen". Über diese ordnet man die im Gleisplan eingezeichneten Magnetartikel ihrem Decoder zu. Eine eigene Schaltfläche gibt es für die Eingabe der Rückmeldekontakte. Über eine Anzeige erkennt man, ob die Module einwandfrei arbeiten. Wer sich in seinem eigenen Gleisplan verirrt, kann vom Computer die Lage der einzelnen Kontakte auch dann abfragen, wenn die Eingabe noch nicht abgeschlossen ist. Es genügt, einen Wagen über die Gleise zu schieben. Auf dem Monitor erscheint die Nummer des gerade von den Wagenachsen aktivierten Kontaktes. Einfacher geht's wirklich nimmer.

Fahrstraßen programmieren

Unproblematisch gestaltet sich auch die Programmierung der Fahrstraßen über die Schaltfläche „Fahrstraßen-Editor". Die Eingabe erfolgt denkbar schlicht. Bei gedrückter linker Maustaste fährt man einfach den Gleisplan ab oder klickt alle Gleiselemente einzeln an – fertig. Die neue Fahrstraße ist auf dem Bildschirm gelb markiert. Magnetartikel müssen allerdings durch Anklicken in die richtige Stellung gebracht werden, sonst kommen die Bits und Bytes durcheinander. Für jede Fahrstraße braucht man mindestens einen Anfangs- und einen Endkontakt. In der Regel handelt es sich dabei um Stoppkontakte. Beim Anfangskontakt empfiehlt es sich, unter „Stell-Bedingungen" besetzt einzutragen, da ansonsten sämtliche Gleise der Fahrstraße blockiert werden, obwohl kein Zug fährt.
Wer eine ausreichende Zahl Kontakte installiert hat, kann die Fahrstraßen in einzelne Segmente aufteilen. Das ist zum Beispiel bei sehr langen Wegen ganz praktisch, da der Rechner dann den ersten Teil der Fahrstraße freigeben kann, bevor der Zug sein Ziel erreicht hat. Ansonsten gilt, dass bei Aufruf einer Fahrstraße sämtliche kreuzenden Fahrstraßen blockiert werden. Auch Rangierbewegungen sind nicht möglich. Wenn beispielsweise eine Fahrstraße in der eingleisigen Ausfahrt des Bahnhofes beginnt, muss die V 60 so lange ruhen, bis die komplette, vom Zug genutzte Fahrstraße freigegeben ist. Das meist nach einigen hundert Metern hinter Bahnhöfen am Streckenrand stehende Schild „Halt für Rangierfahrten" hat im Modellbahnalltag keine Bedeutung.

Blockstrecken überwachen

WinDigipet gestattet, zu jeder Fahrstraße zwei Teilfahrstraßen zu definieren, deren Blocksignale sofort nach Durchfahrt des Zuges „Fahrt frei" zeigen. Selbstverständlich lassen sich durch den Aufruf von Fahrstraßen auch Folgeschaltungen auslösen. Nach dem Verlassen des Hauptbahnhofs geht das Formsignal beispielsweise wie beim Vorbild in „Halt"-Stellung, sowie die Lokomotive einen bestimmten Punkt der Strecke erreicht hat. Eine besonders feine Funktion wird die Betreiber von Elektrolokomotiven erfreuen: Strecken ohne Fahrdraht lassen sich automatisch sperren, sodass niemals eine E-Lok ohne Saft dasteht. Auch bei der Schattenbahnhofssteuerung hilft diese Funktion, kann man doch kurze Gleise nur für bestimmte Zugtypen, beispielsweise Triebwagen, zulassen. Wer mag, sperrt zudem ein durch dichten Wald führendes Gleis für Dampflokomotiven und verhütet somit absolut sicher Modellwaldbrände.

Fahren nach Fahrplan

Mit Hilfe der Fahrstraßen ermöglicht WinDigipet den Betrieb nach Fahrplan. Dazu genügt die Eingabe der Lokadresse, die gleichbedeutend mit der Zugnummer ist, der Fahrstraße und der Abfahrtszeit. Die Ankunftszeit errechnet das Programm im Probedurchlauf. Automatisch erkennt der Computer, welche Kontakte der Zug während der Fahrt passiert. Für jeden Kontakt lassen sich weitere, auf den jeweiligen Zug abgestimmte „Kontakt-Ereignisse" definieren. Das reicht von der Aktivierung bestimmter Lokfunktionen bis hin zur Schaltung von Magnetartikeln, die nur auf die Durchfahrt bestimmter Züge reagieren sollen. Dabei spielt es keine Rolle, ob sie an den k 83 oder den k 84 angeschlossen sind. Ohne großen Aufwand kann man auf diese Weise virtuelle Kontakte schaffen, um beispielsweise beim Bau vergessene zu ersetzen. Fehlt vor dem Stoppkontakt der Verzögerungskontakt, genügt es, dem Computer mitzuteilen, dass der Zug zum Beispiel 3,5 Sekunden nach Erreichen der Fahrstraße zu bremsen beginnen soll.
Neben dem Probelauf ermöglicht WinDigipet eine automatische Korrektur des Fahrplans. Dies ist unter anderem ganz praktisch, wenn nachträglich Digitaladressen geändert werden. Auch warnt die Funktion vor gelöschten Fahrstraßen und vor Lokomotiven, die dem Anlagenbetrieb nicht mehr zur Verfügung stehen, sei es, weil sie in die Vitrine wechselten, sei es, weil sie das Modellbahnbetriebswerk am heimischen Küchentisch aufsuchen mussten. Den Umlaufplan auf Stimmigkeit zu überprüfen, ist dagegen Sache des Modelleisenbahners. Über eine Schaltfläche lässt sich jede Lok einzeln aufrufen. Von allein kann das Elektronengehirn nicht erkennen, dass die E 44 098, die um 16.15 Uhr Startkontakt 15 verlassen soll, seit 15.50 Uhr an Kontakt 33 wartet. Deshalb muss, wie bei der Gestaltung der Lok-Umlaufpläne bei der Großtraktion, der Mensch den Prozessor im Kopf aktivieren und einschreiten. Er kann eine Fahrplanzeile einfügen, vorausgesetzt, die nötige Streckentrasse steht zur Verfügung, oder den Zuglauf verändern, damit alles wieder seine Ordnung hat. Wer mag, darf natürlich auch ausprobieren, was passiert, wenn ein Fahrplan nicht aufgeht.
Neben den genannten Funktionen bietet WinDigipet eine Vielzahl weiterer Möglichkeiten, den Spielbetrieb realistischer zu gestalten. Das Programm ist sehr einfach und logisch strukturiert, vieles lässt sich intuitiv oder durch Ausprobieren umsetzen. Etwas Erfahrung im Umgang mit Computern sollte allerdings gesammelt haben, wer sich an die Arbeit mit WinDigipet macht. Schließlich kostet das Programmieren Zeit und genau daran mangelt es nicht nur Modelleisenbahnern. ▲

Bis zu acht Züge verkehren auf der zweigleisigen Hauptstrecke. Der PC lässt, wenn gewünscht, den Betrieb gemäß Fahrplan durchlaufen. Der Märklinist kann sich inzwischen um die Zusammenstellung eines Nahgüterzuges im Güterbahnhof kümmern und sich ganz nebenbei immer wieder an der Vorbeifahrt langer Güter- oder Schnellzüge erfreuen.

Eine 140 von DB Cargo im Einsatz vor einem gemischten Güterzug. Die Epoche-V-Anlage bietet vielfältigen Fahrbetrieb mit modernen, aber auch älteren Fahrzeugen. Unterhalb der Stadt befindet sich ein Museums-Bw. Die hier befindlichen Dampfloks kommen bisweilen vor Sonderzügen auf die Strecke.

Hightech und Nostalgie

Welche Epoche bietet dem Modellbahner den größten Spielspaß? Wie die Kapitel zur Epoche III gezeigt haben, bereitet es großes Vergnügen, wenn man eine Vielzahl von Loktypen über die Anlage schicken kann. Da könnte sich fast der Verdacht aufdrängen, modernere Epochen seien ganz und gar nicht dazu geeignet, einen abwechslungsreichen Fahrbetrieb darzustellen: Streckenstilllegungen, wenig Loktypen und monotone Neubaustrecken sind prägende Eigenschaften der modernen Eisenbahn.

Lohnt es sich dennoch, eine Epoche-V-Anlage zu bauen? Und was könnte man mit solch einer Anlage alles anfangen? Eine Antwort auf diese Frage gibt die Digital-Anlage von Roland Schum.

Sie ist in der L-Form errichtet worden, mit den Maßen 245 cm x 615 cm an den äußeren Schenkeln. In der Tiefe misst die Anlage 122 cm. Auf den ersten Blick werden drei Themenschwerpunkte ersichtlich: das Museums-Bw auf dem linken Schenkel, dann die Stadt mit ihrem alten Ortskern in der Mitte und am rechten Anlagenrand bzw. Schenkel ein malerisch gelegener See mit imposanter Staumauer und nicht minder beeindruckendem Kraftwerksgebäude. Auffallend ist das Nebeneinander von Alt und Neu bei den Bahnkunstbauten und in den besiedelten Räumen. Auf diese Weise bleibt genügend Freiraum für den Einsatz von sowohl modernstem als auch nostalgischem Fuhrpark. Die Stadt mit ihrem historischen Ortskern bietet die Möglichkeit,

Oben links und rechts: *Die Geländestufe zwischen der Bw-Ebene und der Grundplatte für die Stadt wird mit Stützmauern verkleidet.*

Mitte: *Die Mauerplatten lassen sich mit einem Stahllineal und einem Messer ablängen.*

schöne Gebäude zu präsentieren. Dennoch geben Ausgestaltungselemente, wie Betonmauern und moderne Tunnelportale eindeutige Hinweise auf die gewählte Epoche.

Landschaft herausarbeiten

Die Planung und die Holzarbeiten gestalteten sich für dieses Projekt ähnlich wie bei der Epoche-III-Anlage. Nachdem alle C-Gleise ausgelegt und befestigt waren, wurde die Landschaftsstruktur weiter herausgearbeitet. Dort, wo der See hinkommen sollte, war mit Alu-Fliegengitter eine entsprechende Mulde geschaffen worden, deren Hänge mit Gips verkleidet wurden. Später würden hier Gras und Bäume wachsen. Die als Holzkästen aufgebauten Geländestufen, auf denen sich die Altstadt und das Bw ausbreiten, erhielten Verkleidungen aus Gips und Hartschaum-Mauerplatten von NOCH. Letztere wirken plausibel, da das relativ steil abfallende Gelände auch in

Links: *Zuerst wird der Untergrund mit Weißleim bestrichen. Anschließend erfolgt die Verklebung der Mauerplatten.*

Unten: *Mit Gips wurde eine Mulde geschaffen, die den Stausee aufnehmen wird. Es sollte darauf geachtet werden, dass auch die kleinste Ritze verspachtelt wird. Andernfalls sucht sich das Gießharz seinen eigenen Weg... Rechts im Bild sind die Faller-Schilfhalme zu sehen.*

Oben: *Mit einem kleinen Seitenschneider trennt man die Schilfrohre von ihrem Bund, damit sie sich beim Fixieren besser ausrichten lassen.*
Mitte: *Rasch abbindender Reparaturspachtel verschließt die Fugen.*

Vorsichtig wird das Gießharz in die Mulde gefüllt – aber erst nachdem die Landschaft gestaltet wurde, damit kein Streumaterial versehentlich ins „Wasser" gelangt.

Unten: *Mit einem Pinsel wird das noch flüssige Gießharz verteilt.*

Natura mit Stützmauern gesichert sein würde. Die Verklebung erfolgte mit Weißleim. Ablängen lassen sich die Mauerplatten mit Hilfe eines Stahllineals und einem Teppichmesser.

See-Idylle

Der in Epoche V gestresste Mensch sucht Ruhe in der Natur. Damit er sie auch auf der Modellbahnanlage finden kann, entstand am Stausee eine entsprechende Landschaft. Sie vermag Wanderer und Angler gleichermaßen zu begeistern, schwimmen in dem tiefblauen See doch sicherlich Unmengen von Fischen. Im klaren Wasser spiegeln sich der Himmel und die umstehenden Bäume. Ein herrlicher Anblick.
Die Seelandschaft ist ein guter Beleg dafür, dass weniger oft mehr sein kann. Das kleine Bootshaus und der Schilfgürtel sind ein absoluter Blickfang mit realitätsnaher Szenerie.
Für die Wassergestaltung musste, wie auch schon für die Epoche-III-Anlage geschildert, größtmögliche Sorgfalt an den Tag gelegt werden, damit das im doppelten Sinne wertvolle Nass nicht durch irgendein Loch auslaufen würde - und das trotz geschlossener Kraftwerksschleusen. Der Umgang mit Gießharz bedingt einen absolut dichten Untergrund. Nachdem die Gipsmulde getrocknet ist, verschließt Reparatur-Spachtelmasse alle kleinen Ritze. Dieses Material eignet sich auch dafür, die gemauerten Uferbefestigungen anzubringen und den Schilfgürtel zu pflanzen. Die Schilfhalme stammen aus dem Faller-Sortiment und sollten vor dem Fixieren jeweils von ihrem Bund getrennt werden. So können sie besser ausgerichtet werden, was natürlicher wirkt. Sobald das Gießharz vorsichtig aufgebracht war, hieß es so lange warten, bis die Masse kurz vor dem Erstarren war. Mit einem Pinsel entstand anschließend die leichte Wellenstruktur.

Märklin-Fahrleitung

Der Eisenbahnbetrieb auf der Epoche-V-Anlage läuft elektrisch ab. Die nötige Fahrleitung entstand durchweg aus Märklin-Elementen. Wegen ihrer Robustheit konnte

Oben: Am Stausee wurde mit wenig Gestaltungselementen ein idyllisches Plätzchen geschaffen.

Mitte: Auf der Epoche-V-Anlage stehen moderne Lichtsignale.

sie schon in einer Phase montiert werden, in der die Landschaftsgestaltung noch nicht abgeschlossen war. Für ein weitgehend vorbildgetreues Aussehen sorgte ein Farbauftrag, der den Metallglanz der Drähte verschwinden ließ. Die Fahrleitungsmasten wurden mit Sockeln (74109), die passend zum C-Gleissystem angeboten werden, auf die richtige Höhe gebracht. Nachdem alle Masten ihren Platz gefunden hatten, ging das Einhängen der Fahrleitungselemente rasch vonstatten. Die Montage geschieht nach einem einfachen Prinzip und dürfte daher auch weniger erfahrenen Modellbauern keine Schwierigkeiten bereiten.

Auch die Signale wurden in dieser Phase eingebaut. Während auf der Epoche-III-Anlage Formsignale zur charakteristischen Ausstattung gehören, stehen in Epoche V in der Regel nur noch Lichtsignale an den Gleisen.

Die Zeit, die beim K-Gleis für das Einschottern benötigt wird, konnte bei der Epoche-V-Anlage eingespart werden. Das C-Gleis muss dank seines Böschungskörpers nicht mehr mit Schotter komplettiert werden. Es schadet dem Gleis jedoch nicht, wenn man

Das Einhängen der Märklin-Fahrleitung bereitet keine Probleme und geht rasch vonstatten.

Die Topographie des Anlagengeländes wird mit Alu-Fliegengitter vorgegeben.

Sobald ein entsprechend dicker Gipsuntergrund aufgetragen wurde, kann man nach Beginn der Abbindephase mit einem Stechbeitel die Felsstrukturen schaffen.

Gipsbrösel werden mit einem Staubsauger beseitigt.

Unten: Das moderne Tunnelportal ist von Felsen umragt, die noch eine entsprechende Farbbehandlung erhalten.

es mit etwas Farbe altert und den gesamten Gleiskörper mit Schmutzfarbe einnebelt.

Da geplant ist, die Epoche-V-Anlage als Schauanlage der Öffentlichkeit zu zeigen, wurde von Anfang an auf größtmögliche Stabilität und Transportfähigkeit geachtet. Die Anlage ist aus Modulen aufgebaut und daher jederzeit in mehrere Segmente trennbar. Die unverwüstliche Fahrleitung und das zuverlässige C-Gleissystem werden das ihrige dazu beitragen, dass diese Anlage mehrere Ortswechsel unbeschadet überstehen wird. Zudem besteht die Landschaft sozusagen aus einem Guss, ein Umstand, der eventuelle Reparaturen leichter macht.

Gips modellieren

Eine felsige Landschaft kann, wie auf der Epoche-III-Anlage, aus gegossenen Gesteinsbrocken gebildet werden. Alternativ lässt sich eine felsige Struktur auch aus einem Gipsuntergrund herausarbeiten. Roland Schum hat auf seiner Anlage die zweite Methode angewandt.

Nachdem die topographischen Gegebenheiten mittels Fliegengitter vorgeformt waren, wurde das Drahtgewebe mit einer etwa 10 bis 15 cm dicken Lage Modellgips bedeckt. Sobald der Gipsuntergrund abzubinden begann – dieser Vorgang macht sich durch Wärmeentwicklung bemerkbar, wurde ihm mit dem Stechbeitel zu Leibe gerückt. Senkrecht von oben nach unten gestoßen, schabt das Werkzeug den Gips in Bahnen herunter und schafft auf diese Weise eine klippenartige Felsstruktur. Zwischendurch beseitigt ein Staubsauger die anfallenden Gipsbrösel.

Während Felsen zeitlos sind und jede Anlage bereichern, präsentiert sich das moderne Tunnelportal als typisches Merkmal der Epoche V. Hierbei handelt es sich um ein Fertigmodell von NOCH. Beim Vorbild sind solche Portale lediglich an Neubaustrecken anzutreffen. Rings um das Modell herum konnte aus Drahtgewebe und Gips die Landschaft modelliert werden. So schaut das Tunnelportal aus einer Felswand hervor, die in der oben beschriebenen Weise geschaffen wurde. Durch die Farbbehandlung kam die Gesteinsstruktur nach und nach immer besser heraus.

Die Drehscheibe

Die Ausgestaltung der Landschaft und der Bahnanlagen nimmt ihren Lauf. Für die Drehscheibe wurde in der Grundplatte des Bw ein Ausschnitt gefertigt. Nach dem Einpassen und dem Anbringen der dazugehörigen Gleise, werden die übergangsstücke (24922) zum C-Gleis eingefügt. Die Gleise der Drehscheibe gehören zum K-Gleissystem und können daher nicht direkt mit dem C-Gleis verbunden werden.
Unterflur können die Züge über Wendeln in die Höhe fahren oder im Schattenbahnhof verharren. Seitliche Zugriffsluken, die mit Klapptüren verschlossen werden, erlauben jederzeit einen Kontrollblick in die Unterwelt.

Schauplätze entstehen

Zu dem Zeitpunkt, als die Arbeit von Roland Schum, Mitarbeiter der Firma Märklin, vom Fotografen in Bildern festgehalten wurde, waren die Feinarbeiten an der Anlage noch längst nicht alle durchgeführt. Farbliche Verbesserungen und Details, etwa in der Altstadt oder der Landschaft, standen noch auf dem Programm. Dennoch ist das Potenzial, das diese Anlage für Modellbahner bietet, längst erkennbar: Auf der geraden Paradestrecke, die aus dem modernen Tunnelportal herausführt, können die eleganten Schienenflitzer aus der ICE-Familie oder die Loks der Reihe 101 vorbeiziehen. Andererseits werden aus dem Museums-Bw hin- und wieder auch Dampfloks, wie z. Bsp. die blaue S 3/6, zu Sonderfahrten auf die Strecke kommen.
Auf dem Anlagengelände sind viele Einzelszenen denkbar: in der Stadt, am See, im Bw oder auch an dem kleinen romantischen Bach. Er entstand wie der Stausee ebenfalls in der Gießharz-Technik, als

Oben: *Eine Luke, die sich durch eine Klapptür öffnet, erlaubt den Blick in die Unterwelt.*

Mitte: *Die Staumauer fügt sich gut in die Geländestufe ein. Als Nächstes folgt die Begrünung der Landschaft und das Verfüllen des Untergrunds am Kraftwerk.*

Unten: *Die Märklin-Drehscheibe wird mit Übergangsstücken an das C-Gleis angeschlossen.*

***Oben links**: Eine 101 im Werbelook der Firma Bayer vor Intercity-Wagen.*
***Oben rechts**: Der malerische Bach.*

Uferbefestigung dienen allerdings kleine Natursteine. Die Kombination aus natürlichem und künstlich geschaffenen Gestaltungsmaterial erzeugt hier eine verblüffend realitätsnahe Wirkung. Wie effektvoll große Bauwerke in die Landschaft eingefügt werden können, beweist die imposante Staumauer. Zudem fordert die Geländestufe den Anlagengestalter heraus, glaubhafte Übergänge zu schaffen. Es ergab sich eine Felswand, die dort, wo Pflanzenbewuchs denkbar ist, begrünt wurde. Wie man sieht, kommen auch in Epoche V Kreativität und Spielspaß nicht zu kurz. ▲

Oben: *Blick ins Museums-Bw. Eben wird eine blaue S 3/6 gewendet. Sie ist von einer Sonderfahrt zurückgekehrt. Im Vordergrund werden DB-Cargo-Güterwagen mit frischer Kohle rangiert.*

Unten*: Im Herzen der Altstadt können viele kleine Details und Szenen gestaltet werden.*

Seite 140 unten: *Die imposante Staumauer von Pola staut das Wasser zu einem tiefblauen See auf.*

Adresse: Damit die Control Unit beim Digitalbetrieb Fahrzeuge und Magnetartikel direkt ansprechen kann, benötigen sie eine individuelle A. Das Märklin Digitalsystem ermöglicht 80 verschiedene Lokomotiv-A. und 256 Magnetartikel-A.

Alterung: Fabrikfrisch der Schachtel entnommene Lokomotiven, Wagen und Bausätze wirken nur auf den ersten Blick ansprechend. Beim genaueren Hinschauen bemerkt man, dass etwas fehlt. Mit geringem Aufwand lassen sich Fahrzeuge und Bausätze mit etwas Farbe in einen absolut vorbildgerechten Zustand versetzen. Ausführliche Hinweise bietet das *Ausbau- und Praxisbuch* von Markus Tiedtke, das im Augustus-Verlag erschien.

Anschlussgleis: Über das A. wird die Anlage mit Strom versorgt. Beim C-Gleissystem von Märklin steckt man die Stromzuführungskabel einfach in die dafür vorgesehenen Buchsen unter dem Schotterbett. Für das K-Gleis bietet Märklin zwei Anschlussgleise an, mit und ohne Entstörkondensator.

Bäume: Die schönsten Bäume sind natürlich die selbst gefertigten. Der Fachhandel offeriert eine Reihe bestens gelungener Großserienfabrikate.

Blockabschnitte: B. unterteilen eine Strecke, sodass mehrere Züge hintereinander einen Bahnhof verlassen können. Vor Erfindung der B. konnte ein Zug einen Bahnhof erst verlassen, wenn sein Vorgänger den nächsten Bahnhof erreicht hatte.

Bogenweiche: Auf der Modellbahn sparen B. viel Platz. Die Bahn baut B. nur im Notfall ein.

Booster: Reicht ein Transformator mit Control Unit zur Versorgung einer digitalisierten Anlage nicht aus, hängen weitere Abschnitte über einen Booster am Stromnetz. In keinem Fall darf man weitere Abschnitte über eigene Control Units anschließen, da dies einen Datensalat ergibt.

Control Unit: Die C. ist das Herz einer Digital-Anlage. Auch für die Steuerung über einen PC mit WinDigipet benötigt man eine C.

Decoder: Um die digitalen Nachrichten, welche die Control Unit versendet, zu dechiffrieren, benötigen Lokomotiven und Magnetartikel D. Für die Lokomotiven bietet Märklin passende D. an, die der Fachhändler einbaut. Für Magnetartikel, die kurze Stromstöße benötigen, gibt es den k 83, für Dauerstromkontakte den k 84.

Digitalbetrieb: Der D. erweitert die Spielmöglichkeiten der Modellbahn erheblich. Neben der Steuerung von Lokomotiven und Magnetartikeln lässt sich eine Vielzahl von Funktionen umsetzen, beispielsweise das Ein- und Ausschalten der Spitzenbeleuchtung oder das Pfeifen des Signalhorns. Ausführliche Tipps und Tricks bietet das im Augustus-Verlag erschienene Buch *Digital-Praxis bei H0-Modellbahnanlagen* von Thomas Rietig.

Drehscheibe: Im Bahnbetriebswerk gelangen Loks über die D. in den Ringlokschuppen. Schlepptenderlokomotiven benötigen die D. zudem zum Drehen in Fahrtrichtung.

Einschottern: Ohne Schotter zwischen den Schwellen wirkt das Märklin-K-Gleis reichlich nackt. Vorbildgerechten Modellschotter bieten verschiedene Hersteller an. Auch das C-Gleis, das bereits ab Werk über ein sehr gut gelungenes Schotterbett verfügt, lässt sich durch zusätzliches E. weiter verfeinern.

Entkupplungsgleis: Während bei der Bahn ein Rangierer die Fahrzeuge voneinander trennt, geschieht dies auf der Modellbahn automatisch. Ein Elektromagnet hebt eine Platte, welche die Kupplungen trennt.

Fahrpult: Auf konventionellen Anlagen besteht das F. aus dem Transformator mit integriertem Regler. Bei digitalen Anlagen übernimmt die Control Unit diese Aufgabe. Um zwei Züge gleichzeitig steuern zu können, kann man rechts an die Control Unit ein weiteres F. anschließen, die Control 80 f.

Fahrstraße: Auf seinem Weg über das Weichenfeld eines Bahnhofs oder auf freier Strecke bewegt sich ein Zug grundsätzlich auf einer F.

Flexibles Gleis: Das F. G. hat statt eines durchgehenden Schwellenbandes ein an zahlreichen Stellen durchtrenntes. Deshalb lässt sich das Gleisstück verbiegen, um zum Beispiel möglichst elegante Bogenradien zu erzielen.

Gleisbildstellpult: Das G. zeigt den Verlauf der Strecke in stilisierter Form. Die Schaltung von Weichen und Signalen erfolgt mit Tastern oder per Mausklick direkt an ihrer Position innerhalb des Gleisbildes. Man braucht sich also nicht zu merken, welches Signal sich hinter Bezeichnungen wie S 2 verbirgt.

Geräuschelektronik: Mit dieser zuschaltbaren Funktion geben Märklin-Digitalloks Fahrgeräusche oder das Pfeifen des Signalhorns wieder.

Herzstück: Der Punkt, an dem die inneren Schienen beider Weichenstränge aufeinandertreffen, heißt H.

Holz: Für die Grundplatten einer Modellbahn empfiehlt sich die Verwendung von verwindungssteifem Pappelsperrholz mit 10 mm

Stärke. Für die Spanten gilt derselbe Wert. Auch sie bestehen aus Sperrholz. Beim Kauf sollte man auf hohe Qualität des Holzes achten und besser einen Fachbetrieb beauftragen als es im Baumarkt zu versuchen.
Interface: Das I. verbindet die Control Unit der Anlage mit dem PC, der mit WinDigipet den Betrieb steuert.
Keyboard: Das K. schaltet im Digitalbetrieb Weichen, Signale und andere Magnetartikel.
Kleineisen: Die Bauteile zur Befestigung der Schienen auf den Schwellen fasst die Bahn unter der Bezeichnung K. zusammen.
Kontaktgleis: Beim K. sind die Gleise elektrisch gegeneinander isoliert. Rollt ein Fahrzeug mit Metallradsätzen über das K., fließt zwischen beiden Gleisen Strom. Das Rückmeldemodul registriert deshalb, dass das Gleis besetzt ist.
Leistung: Die Ausgangsleistung der Anlagensteuerung muss auf den Bedarf der Fahrzeuge abgestimmt sein. Märklin-Transformatoren leisten bis zu 52 VA (Volt-Ampere = Watt), was für die meisten Anlagen genügen dürfte. Bei Überlastung schalten Märklin-Transformatoren automatisch ab.
Lichtstrom: Über den gelben Anschluss des Märklin-Transformators werden stationäre Verbraucher mit dem nötigen Strom versorgt.
Masseleiter (Nullleiter): Gemeinsamer Rückleiter für Bahn- und Lichtstrom sowohl bei konventionellem als auch bei digitalem Betrieb.
Memory: Mit dem M. kann man im Digitalbetrieb Fahrstraßen schalten.
Mittelleiterisolierung: Wer auf seiner Anlage verschiedene Stromkreise einrichten will, trennt zweckmäßigerweise den Mittelleiter.
Oberbau: Als O. bezeichnet man das Gleis samt Bettung. Das C-Gleis von Märklin verfügt ab Werk über eine vorbildgerechte Bettung.
Reedkontakt: Der R. spricht an, wenn ein Fahrzeug mit am Boden befestigtem Permanentmagnet über ihn hinwegrollt. Auf diese Weise lassen sich Ströme schalten, ohne in die Stromversorgung der Anlage eingreifen zu müssen.
Ringleitung: Zur sicheren Stromversorgung auch der hinteren Anlagenteile empfiehlt sich die Installation einer R. mit möglichst starkem Kabel. Geeignet sind Drähte mit mindestens 0,75 mm Durchmesser. In regelmäßigen Abständen lässt sich so Strom in den Mittelleiter einspeisen.
Rückmeldemodul: An Kontaktgleise angeschlossen, kann das R. feststellen, ob ein Gleis frei oder besetzt ist. Den Gleiszustand gibt es über das Interface an den PC weiter.
Transformator: Der T. wandelt den Netzstrom mit 230 Volt Spannung in ungefährliche 16 Volt für den Fahrbetrieb um. Märklin-T. verfügen über Schutzeinrichtungen bei Überlastung und Kurzschluss.
Trennstelle: Zur Trennung zweier Stromkreise genügt es beim einfachen Märklin-System, die Mittelleiter zu isolieren. Märklin bietet dafür Isolierhülsen an.
Übergangsgleise: Märklin bietet für den Übergang zwischen den verschiedenen Gleissystemen Ü. an.
Weichenantrieb: Um die Weichen vom Stellpult aus schalten zu können, verfügen sie über einen elektromagnetischen W. Bei Märklin besitzt dieser eine Endabschaltung, sodass die empfindlichen Spulen nicht durchbrennen, wenn sie versehentlich unter Dauerstrom stehen. Für das K-Gleissystem bietet Märklin einen Unterflur-Zurüstsatz an, sodass der W. unter der Grundplatte verschwindet.
WinDigipet: Modellplan bietet ein komfortables Steuerungsprogramm für die Anlage an, das Stellwerk und Fahrpult zugleich ist. Sein Einsatz erweitert die Spielmöglichkeiten auf der heimischen Anlage ungemein, erfordert aber etwas Erfahrung mit dem PC.
WinTrack: Das kinderleicht zu bedienende Gleisplanprogramm wird von Modellplan in Göppingen vertrieben. Es läuft auf jedem handelsüblichen PC.
Zentraleinheit: anderes Wort für Control Unit.
Zubehör: Auch Märklin kann nicht alles anbieten, was das Herz des Modelleisenbahners begehrt. Doch im Fachhandel findet man ein breites Sortiment an Gebäuden, Streumaterialien, Schotter und anderen Accessoires, um die Anlage durchzugestalten.
Zugbildung: Natürlich können Märklin-Lokomotiven Züge jeder Art schleppen. Doch das entspricht nicht immer dem Vorbild. Güterzuglokomotiven sieht man nunmal selten vor Reisezügen und umgekehrt. Welche Regeln dabei zu beachten sind, zeigt anhand vieler Vorbild- und Modellaufnahmen *Das Zugbuch* von Thomas Rietig, erschienen im Augustus-Verlag.
Zusatzfunktionen: Märklin-Digitalloks können nicht nur rollen. Dank des Digitaldecoders besteht die Möglichkeit, verschiedene Z. zu schalten, zum Beispiel Ein- und Ausschalten des Spitzenlichtes oder Aktivieren des Signalhorns. ▲